汉译世界学术名著丛书

洁净与危险

——对污染和禁忌观念的分析

〔英〕玛丽·道格拉斯 著

黄剑波 柳博赟 卢忱 译

张海洋 校

罗文宏 黄剑波 修订

商務印書館
SINCE 1897
The Commercial Press

Mary Douglas

PURITY AND DANGER

An Analysis of Concepts of Pollution and Taboo

本书根据英国卢德里奇出版社 2002 年版译出

汉译世界学术名著丛书
（120年纪念版·珍藏本）
增订本出版说明

2017年10月，为纪念商务印书馆创立120周年，本馆推出“汉译世界学术名著丛书”（120年纪念版·珍藏本），计七百种。近五六年来，仰赖学界同人倾力支持，订正旧译，增补新译，拓展新著，积累日多。为满足读者需要，本馆在七百种的基础上，继续推出“汉译世界学术名著丛书”（120年纪念版·珍藏本·增订本）三百种。至此，“汉译世界学术名著丛书”累计出版已达千种。

今后，本馆将继续推进丛书的翻译出版工作，在积累单本名著的基础上陆续分辑刊行，汇印出版。为促进中外文明互鉴、推动我国学术发展，使“汉译世界学术名著丛书”这项对我国学术文化有基本建设意义的重大工程发挥更大作用，诚望海内外学术界、翻译界继续给予支持，帮助我们把这套丛书出得更好。

商务印书馆编辑部

2024年2月

汉译世界学术名著丛书
（120年纪念版·珍藏本）
出版说明

2017年2月11日，商务印书馆迎来120岁的生日。120年前，商务印书馆前贤怀揣文化救国的理想，抱持“昌明教育，开启民智”的使命，立足本土，放眼寰宇，以出版为津梁，沟通中西，为中国、为世界提供最富智慧的思想文化成果。无论世事白云苍狗，潮流左右激荡，甚至战火硝烟弥漫，始终践行学术报国之志，无改初心。

逐译世界各国学术名著，即其一端。早在20世纪初年便出版《原富》《天演论》等影响至今的代表性著作，1950年代后更致力于外国哲学和社会科学经典的译介，及至1980年代，辑为“汉译世界学术名著丛书”，汇涓为流，蔚为大观。丛书自1981年开始出版，历时三十余年，迄今已推出七百种，是我国现代出版史上规模最大、最为重要的学术翻译工程。

丛书所选之书，立场观点不囿于一派，学科领域不限于一门，皆为文明开启以来，各时代、各国家、各民族的思想与文化精粹，代表着人类已经到达过的精神境界。丛书系统译介世界学术经典，引领时代思想，为本土原创学术的发展提供丰富的文化滋养，为推动中国现代学术和现代化进程做出了突出的贡献。

为纪念商务印书馆成立120周年，我们整体推出“汉译世界学术名著丛书”120年纪念版的珍藏本，寄望既利于文化积累，又便于研读查考，同时向长期支持丛书出版的译者、编者和读者致以敬意。

两甲子后的今天，商务印书馆又站在了一个新的历史时间节点上。我们不仅要铭记先辈的身影和足迹，更须让我们的步伐充满新的时代精神。这是商务人代代相传的事业，更是与国家和民族的命运始终紧密相连的事业。我们责无旁贷，必须做好我们这代人的传承与创造，让我们的努力和成果不仅凝聚成民族文化的记忆，还能成为后来人可以接续的事业。唯此，才能不负前贤，无愧来者。

商务印书馆编辑部

2017年10月

玛丽·道格拉斯与她的《洁净与危险》(代译序)

范可

玛丽·道格拉斯其人其事

玛丽·道格拉斯(Mary Douglas)是世界上最有名的人类学家之一。与玛格丽特·米德和露丝·本尼迪克特相比,道格拉斯无疑在理论建构上更为出色,学理上更具穿透力。她延续涂尔干的思想传统,在诸多社会理论领域内均提出了独到的观点。今天,尽管存在着不同的声音,国际人类学界普遍认可道格拉斯提出的理论所具有的普遍意义。因此,她是被列入20世纪的社会理论圣殿的为数不多的人类学家之一,她的理论影响力超越了学科边界。

玛丽·道格拉斯1921年3月21日出生于意大利的圣雷诺。当时,身为殖民官员的父亲与家人在那里度假。道格拉斯的父亲在印度殖民地为官,但居住在仰光。其时,缅甸与南亚次大陆同为英帝国印度殖民当局所辖。道格拉斯的母亲是爱尔兰人,去世较早。道格拉斯的父亲大概是今天我们所说的"文艺青年",热爱创作和研究,曾在伦敦和仰光报刊上发表许多文字。他出身于蓝领工人家庭,凭自身努力接受了良好的教育,毕业于剑桥大学,并且考取了“公务员”。这在等级观念很深的英国社会不是件容易的事。道格拉斯的父亲终生保持阅读和写作的兴趣,这对她的人生产生了深刻的影响。也正是这个原因,道格拉斯在她的学术生涯中十分重视图书馆文献。

道格拉斯在她父亲于1933年退休之后,到一所有名的天主教女子寄宿学校——圣心修院(Sacred Heart Convent)就读。在她晚年的一些文字中,这所学校偶尔成为描写分析层阶(hierarchy)的参照物。她认为,社会层阶是具有一般性重要意义的社会组织方式之一。离开那所学校之后,道格拉斯到巴黎生活了一段时间,以求获得原先已经相当好的法语能力的文凭。

在她的一生中,宗教与之结下了不解之缘,这得自她爱尔兰母亲家庭的传统。而作为一位人类学者,她始终保持着虔诚的信仰,这无疑对她的研究产生了影响。但有意思的是,这种影响似乎并没有影响到她对许多事物的正确分析与判断,反倒使她的观照(perspective)显得与众不同。宗教的实践可能有助于她显得比其他人类学家早些注意到——并且在一生中系统地进行理论思考与阐发的——人类所具有的一般意义上的分类实践。

玛丽·道格拉斯于1943年在牛津大学获得文学学士学位。就读期间,她遇到了著名人类学家埃文思-普里查德(E.E. Evans-Pritchard),并受到了他的强烈影响。埃文思-普里查德本人十分热衷于比较宗教学,后来皈依了天主教。他去世之后,道格拉斯为他写了篇文字优美的感人小传。

“二战”期间,道格拉斯曾中断学业,到大英帝国一处殖民机构从事与刑法改革有关的工作。在此期间,她遇到了一位正在从事田野工作的人类学家,他的经历和见识给道格拉斯留以强烈的印象,她也因此下决心攻读原先已经在埃文思-普里查德影响下产生兴趣的社会人类学。1948 年,她在牛津大学获得了人类学方面的科学学士学位之后去了非洲,到比属刚果[现在的刚果(金)]研究当地一个名为"莱勒"(Lele)部落的日常生活,并在埃文思-普里查德的指导下撰写博士论文。这段期间,她遇到了她未来的丈夫——经济学家詹姆斯·道格拉斯(James A. T. Douglas),两人在 1951 年结为夫妇。结婚之后,道格拉斯夫妇回到伦敦生活,并育有二子一女。

在伦敦生活期间,玛丽·道格拉斯主要在伦敦大学帝国学院工作,并于 1971 年晋升为教授。1978 年她从帝国学院教授任上退休而到美国工作。在美国期间,她先在一个基金会里担任人类文化研究部主任。之后,从 1981 年到 1985 年,她任教于西北大学,担任人类学与宗教学教授。其间,她曾申请过芝加哥大学教职,但因为求职演讲遭到了人类学家席尔维斯坦(Michael Silverstein)"不怀好意"的挑战而未果。据说,当她结束了演讲之后,席尔维斯坦突然发问,她所说的"意涵"(meaning)究竟是什么意思?这一问题完全在道格拉斯的意料之外,以至于有些手足无措,应答笨拙。结果,另一位求职者获得了位置。事实证明,一时的成功无法说明什么,那位取代道格拉斯的教授在学术上的成就根本无法望道格拉斯项背。

从 1985 年起,她还担任过普林斯顿大学的宗教学与人类学访问教授。但是,自 1985 年之后直到 2007 年去世,她主要在伦敦生活。

人类学成年礼和主要学术思想

道格拉斯的博士论文在1963年出版，题为《卡赛的莱勒人》(*The Lele of the Kasai*)。如果只是认为这部作品研究的是莱勒人如何做饭、他们的食物分类、他们有关病痛和孩子的话语，以及他们如何照顾自己的身体，那就把它简单化了。这部作品还研究禁忌是如何在莱勒人的社会生活里运作，部落内多妻的长者如何操控限制青年男性接近女性。由于这部博士论文的涵盖面如此之广，它甚至在道格拉斯日后的学术生涯里，引导了她转到其他项目的研究。

但是，道格拉斯原先根本没考虑到非洲从事田野研究。她想要去意大利或者希腊。埃文思-普里查德打消了她的这一念头，建议她到非洲。道格拉斯对此并无怨言。她后来回忆说，研究非洲需要完备坚实的理论，而在那个时代，甚至不存在有关地中海的人类学。如果真的到那里研究，到头来她可能成为一名记者(Fardon，1999：47)。然而，为什么是非洲？难道仅仅是因为埃文思-普里查德的原因么？对此，我们应当了解一下当时英国人类学的一些情况。

西方人类学在传统上都是到海外从事研究，而在一定的时期内，某一地区成为人类学学术投入最多的区域，往往是因为一些因素的聚合。这些因素可能包括理论的议程、可进入性、一定数量具有批评性的学者、财政状况、学院的支持，以及其中的制度性建设。20世纪中叶的不列颠人类学无可置疑地以非洲研究为中心，这当然同20世纪40年代政治人类学在非洲的成就有关。但是,现实的条件是决定性的。非洲不少国家当年还在殖民统治之下,对于欧洲人而言,不仅易于进入,而且也相对安全。因此,有许多人类学者热衷于到非洲进行研究,甚至以研究大洋洲社会著称的马林诺夫斯基,后来也考虑到非洲研究。当时,支持非洲研究的有洛克菲勒基金会,而殖民当局也不时相信,人类学可能在一定的场合里具有应用的价值,从而也愿意提供一些财政支持(Kuklick,1991;Goody,1995)。而那些取得成就的非洲的田野工作者,牛津大学为他们提供了制度上的支持。而这些人的成果也成为典范,为后继的研究者开路破题,构成了学术范式。众多的学者追随他们前行,同时也不断地验证他们提出的理论,形成了独具时代特点的学术氛围。到了20世纪40年代末,非洲大地上的人类学课题几乎涉及人类学所有的重要方面,如:亲属制度与婚姻、居住模式、政治组织和经济生活,而宗教与象征正开始在英国人类学界走红。道格拉斯在牛津的岁月里,聆听了埃文思-普里查德和福蒂斯有关努尔人和塔兰西人(Tallensi)的亲属与婚姻课程。其间,埃文思-普里查德把自己的一系列论文汇集成书以《努尔宗教》(*Nuer Religion*)为名出版。同时,埃文思-普里查德和福蒂斯两人还分别就努尔人的牺牲与塔兰西人的祖先崇拜做了系列讲座。他们的出色研究表明了人类学在非洲的田野工作已经十分成熟,而这是当时连个影子也没有的地中海人类学所需要的(参见 Fardon,1999:46-47)。

对于道格拉斯而言,最具有吸引力的学术突破是在理解父系制度。当时,这主要体现在埃文思-普里查德和福蒂斯有关努尔和塔兰西社会的研究里。他们两人在战前合编的《非洲的政治制度》

(1940)也对此有许多讨论。其时,对母系制度的研究也在北罗得西亚的罗德斯-里维斯通研究所(Rhodes-Livingstone Institute)的主持下,在中非进行。其代表人物格拉克曼(Max Gluckman)后来也转到了牛津。有人认为,道格拉斯选择莱勒母系社会做研究乃因她是位原初的女性主义者(proto-feminist),但事实并非如此。人类学家法东(Richard Fardon)认为,上个世纪40年代末的道格拉斯会有那样的立场是难以置信的(1999:48)。所以,道格拉斯博士论文的选题动机源自其理论追求,而这一追求与人类学非洲研究的发展过程紧密联系。当有一个学者群对一个大陆丰富多彩的社会全面进行研究,还有什么事关人类本质的问题会被忽略呢?毋庸置疑,非洲研究的人类学主流都是男性视角的,因此,有关政治和社会组织这方面的问题首先得以被关注,它们成为学术投入的重点。而非洲的母系社会则因此被忽视。道格拉斯的出现,弥补了这方面的缺憾。在确定这个选题之前,道格拉斯两次谢绝在父系社会从事田野工作的机会,她执着地寻找能保证在母系族群中从事研究的经费,甚至为此卖掉了母亲留给她的毛皮大衣。1948年,她参加了在布鲁塞尔举行的国际人类学和民族学科学大会(International Congress of Anthropological and Ethnological Sciences),遇到了比利时的殖民地官员乔治·布劳斯赫(George Brausch)。他知道道格拉斯的计划之后,建议她研究莱勒人——他们居住在凋敝的森林地区,海拔约1000米的起伏的山峦里。当地属于中非的比属刚果,气候宜人,与外界沟通条件相对较好,当地人也“性情平和”。重要的是,那是个母系社会,人们尚在使用弓箭。对道格拉斯而言,这像是个理想的田野点。与此同时,她还得到了国际非洲研究院的经费支持。于是,在接受了比利时专家的语言训练之后,她到当地从事了两年的田野工作(1948—1950)。在呈交了博士论文之后,她又于 1953 年到那里生活了一年。

从田野之后到 1965 年,在十多年间的写作里,道格拉斯已经展现了一些日后的关怀。在获得学位取得教职之后,她一直勤奋写作。有学者认为,如果不这样的话,她的成就恐怕与众多的非洲民族志者没有太多的区别(Fardon,1999:48)。道格拉斯于 1951 年离开牛津,到伦敦的大学学院一待就是将近 20 年。这是一段她难以忘怀的岁月。显然,她对当时的处境十分满意。在大学学院,她参与编辑和审阅该校的国际非洲研究院的重要刊物——《非洲》(*Africa*),并在该刊物上发表了她最主要的民族志论文。她也在一份主题更为狭窄的刊物——《扎伊尔》(*Zaire*)上发文。另外,她还在一些重要的论文集中,贡献了她的研究。总之,道格拉斯的民族志大多以刊物论文或论文集章节的形式,在这个时期发表。道格拉斯期待继续前往她的田野点从事研究,但由于当地于 1959 年爆发了独立战争,内乱不断,所以一直到 1987 年,道格拉斯才得以重返。其时,比属刚果已经是独立的扎伊尔共和国,而道格拉斯也已行年 60 有余。

就某种意义上而言,尽管无法重返田野点是人类学者的憾事,但从学术发展来看,却未必不是一件好事。如果道格拉斯一刻不停地研究莱勒社会,我们这门学科一定会少了些精彩。我们知道,道格拉斯最为精彩的一些著作并非民族志,而是在田野经历带给她的感悟之后的许多具有比较意义、穿越学科壁垒、基于跨文化认知和人类普遍本质之上的理论论述。这些论述使道格拉斯成为当代社会科学家们所认可的、我们这个时代重要的社会理论家之一。

上个世纪60年代初，道格拉斯获得了一笔奖助金，使她得以离开大学学院一年，以集中精力将她的民族志出版。此前，关于莱勒社会的研究，她已经出版了不少论文。这个阶段的工作便是将许多论文按照专著的要求进行整理，最终完成了《卡赛的莱勒人》一书。此后，应该说，她渐露其拒绝成为常规的不列颠非洲专家的立场，把兴趣渐渐转移到其他方面。

与许多人类学者不同，道格拉斯在她的学术生涯中，把阅读和评论同行的著作当作专业职责，这是不少人觉得浪费时间的事。成为专业学者之后，许多人的阅读其实只是为了“用”。在写作《卡赛的莱勒人》一书过程中，她浏览和研究了欧洲人关于比属刚果的文献，几乎尽览了人类学在非洲研究领域的所有文献。道格拉斯这部书还就法语人类学（包括比利时的法语作者）在非洲的研究与英语人类学之间的异同做了比较。她对于列维-斯特劳斯的理论开始持批评态度，后来则趋于温和与尊敬。她甚至也对新马克思主义的人类学者——如克劳德·梅拉索克斯（Claude Meillassioux）的研究也情有独钟。斡旋于英语与法语人类学传统之间，使她成为欧陆熟悉的人类学家，因而她一度在英国人类学界的被边缘化使欧陆的学者大为不解（参见 Fardon，1999：52）。

《卡赛的莱勒人》的出版没能引起英国人类学界的重视，该书的价值被低估，道格拉斯因此感到被边缘化。可能由于她没在英国殖民地从事研究，所以这部书才被英国人类学界所忽视；而由于该书以英文写就，也难以得到法语人类学家的充分惠顾。以至于在一段时间里，道格拉斯觉得自己没能在学界获得足够的认可。

我们很容易发现,这本书所提出的问题和一些思想,已经预示道格拉斯日后将摆脱人类学家的"民族志束缚"——我想用这个词来描述那种仿佛人类学成就都必须建立在民族志研究之上才具正当性的这么一种取向——进入更为广阔的理论空间。开篇伊始,她就告诉读者:

> 这是一本研究权威抑或其失效的书。与莱勒有所接触者都一定会注意到,没有任何人会期待有人会发号施令让别人去顺从。他们都不是具有攻击性的人,去拒绝他人的命令。相反,莱勒人为人幽默谦虚而非自以为是。权威通常与长者联系在一起。在日常生活中,老人们接受的是尊敬而不是权力。权威缺位解释了他们的贫困。按照他们自己的标准,他们比邻人贫困。诚然,他们的土地缺少肥力,但缺乏耕种的热情也是个事实。他们对其他事情的关注甚于对创造财富的关注。因而,这又是一本研究经济落后性的专著(Douglas, 1963:1)。

道格拉斯注意到,缺乏权威的原因是由于该社会对老年人的高度尊敬,这在一定程度上使该社会成为老人的世界。而在原始经济里,几乎所有的一切都仰仗老者。老人不会产生权威,这样的社会没有狡诈的驾驭、暗中的控制,但在要求改变的外来压力面前,显得十分脆弱。于是,缺乏权威成为理解莱勒社会的关键,也帮助了道格拉斯分析不同社会的权威。

与大量民族志不同,道格拉斯的《莱勒》一书使用的是过去时态。根据她的估计，莱勒社会的巨大改变大概是发生在1933年至1959年的一代人之间。因此，使用过去时态是对那个时代的反映。这段时期内，内战爆发且持续多年，而且莱勒人所在的卡赛地区甚至有过分离主义运动。因而莱勒社会完全可能在一代人间被打乱。事实上，正如道格拉斯所理解的那样，在短短的一代人的时间里，莱勒社会旧有的形式在三种力量作用的汇聚下被抛弃。这三种力量是比利时殖民当局、传教士和莱勒青年人。因此，关于莱勒社会的这本书既历时性地分析了莱勒社会那种自以为是又无所成就的老人政治的传统本质，又解释了为什么这样的社会面对要求改变压力之时是如此脆弱。对于作者而言，改变的过程揭示了社会旧有形式的本质。

《卡赛的莱勒人》显然有着很强的理论追求，也延续了传统民族志的套路。但是，通观全书，分析、辩论远甚于观察、描述。她从经济、交换、最低限度的层阶、信仰实践，一直讨论到欧洲人的影响。而这些在其他民族志者的眼里，其中每一个都可以是一部专著的课题。道格拉斯却有能力将这些课题有机地联系在一起，因为她已经看到社会层阶是功能性的——莱勒社会经济的落后低下与社会缺乏层阶和权威联系在一起。宗教与婚姻也是在老人政治的基础上形成，与之相辅相成。尽管如此，该书还是在英国学界被冷落，但它却得到比利时人类学家的高度赞誉，认为是研究班图社会最重要的专著(参见 Fardon，1999：68)。

毫无疑问，这本书延续了那个时代最基本的预设，而且在写作上也迎合了那个时代的民族志要求，即将民族志叙述置于社会人类学的语境里。但是，除了对于一个人们极少了解的社会之组织形式的敏锐分析之外,我们应当注意到,这本书实际上与她后来的写作在方法论和理论上是有联系的。我们看到,她在非洲民族志研究中发展起来的知性工具后来不仅帮助她探索欧洲和美国社会,而且她的比较研究和理论化追求也从她对莱勒社会的研究中得益。例如,莱勒社会存在着许多禁忌的事实,引领了她在后来的理论研究中思考环境中的危险与社会关怀之间的关联。

在这个意义上,道格拉斯似乎比其他人类学家先行了一步——如果我们联想到近些年来影响日隆的法国人类学家菲利普·迪斯科拉(Phillip Descola)。迪斯科拉在他的《超越自然与文化》(*Beyond Nature and Culture*)一书中对人类学家习以为常的自然与文化的二元对立或者两分做了批评。根据他的看法,这样的两分在人类历史上是到了非常晚近才出现的。在历史上和在当今的许多社会里,人们在理解上是同自然一体的,自然就是他们的家园,周遭的各种动植物如同他们的家人。这种认知型塑了他们关于世界、关于自身、关于他们同世界关联的看法(参见 Descola, 2013)。迪斯科拉实际上指陈了这样一个事实,即:我们的各种分类和标准化实为后来——尤其在理性高扬的现代性发展过程中——发展起来的。尽管迪斯科拉在他这部巨著中没有提及道格拉斯,但难道我们能因此不把道格拉斯列为在这方面进行探讨的先驱吗?学界之所以忽略了道格拉斯在这方面对学说史的贡献,其原因可能是她的这些思想脉络并不是在单一的书中呈现出来的,而是贯穿在她的多部著作当中。

道格拉斯一生写下诸多脍炙人口的作品。但最为人所知的就是眼前这本《洁净与危险》(1966)。该书于在 1991 年被《泰晤士报》列为1945年以来100本最有影响力的非小说书籍之一。道格拉斯生前看到该书六次再版和多次重印。道格拉斯的其他著作，如《自然象征》(1970)、《商品的世界》(1979)、《制度如何思考》(1986)、《风险与指控》(1992)，以及身后出版的《循环中的思想》(2007)等，同样影响深远，在学术界产生了巨大的影响。作为涂尔干主义者，她认为，制度化的社会组织仅在其基本形式上遏制着变化——尽管在实证的环境和条件下，存在着众多的相互植入的形式。这些制度性的社会组织(和非组织)型塑并因果性地解释了"思想方式"(thought styles)——这是她创建的一个重要概念，是为人们思考、分类、记忆、遗忘、感觉等的样式。

道格拉斯认为，组织往往通过因果机制来培育"思想方式"。而这主要通过将日常仪式化来实现。这种做法甚至对那些拒绝任何形式的集体性庆典的人也起作用："作为一种社会动物，人是种仪式动物"(1966:63)。道格拉斯娴熟地运用了涂尔干关于社会组织制度性变化的两个维度——社会规制(social regulation)和社会整合(social integration)，即如她所谓的"格"(grid)和"群"(group)。这些方式在任何环境里都使得组织和思想方式具体化，无关乎技术成熟与否或者在某一领域里努力的程度。如此说来，今天在社区治理上所提倡的网格式治理，是不是有着道格拉斯的影子？

道格拉斯被认为是涂尔干思想的传人。在《自杀论》里，涂尔干注意到了两种维度的极致；道格拉斯则集中于演绎形式如何导致四种后果。这四种形式分别为：层阶(规制和整合皆强)、个体主义(规制与整合皆弱)、飞地(弱规制强整合)、孤立整治(isolate ordering,强规制弱整合)。不同于一般所持有的两分的“微观-宏观问题”,道格拉斯指出,无论人们的组织在大小或者复杂程度上有多么之不同,其基本形式是一样的。

道格拉斯在方法论的讨论上也颇具洞见,她主张,做研究应该寻找那些在司空见惯的分层之中所存在的“非常规”(anomalous),考察这些非常规或者不适当是如何被区别或者不加区别地对待,并解释它们的功能所在。而这一贯穿在她的思想里的重要概念,恰恰来自她早期在莱勒社会中的思考。例如,穿山甲这种被认为非常规的动物在莱勒社会中的意义等等。由此看来,她的莱勒社会一书的确是她关于动物的不适当、肮脏、风险、危险等研究之源。在她生命最后的几年里,她把自己的方法运用到研究希伯来圣经中的以色列,揭示了制度性的场域如何培养出有着独特方式的作者和编辑。她的理论,成为那些拒绝因果解释、求助于利益关系和简单的理性选择的后现代主义者的死对头。

《洁净与危险》的内容和观点

《洁净与危险》是玛丽·道格拉斯最出名的作品。有人说,如果只读一本玛丽·道格拉斯的书,那一定就是这一本(Fardon,1999:80)。这本书出版之后大受欢迎,不仅反复重印再版,而且出现了多种语言的译本。这本书还经常被人用来作人类学教材,它不仅吸引了人类学学子,还为这门学科带来大量的读者。这本书里的若干章节甚至更为普及,因为不少人类学和社会学关于宗教研究的课程都把它们作为必读文献。在人类学之外的学科,这本书被广为援引。围绕着它，人类学者有大量讨论——包括对它的运用、批评与发展。无论从何种标准来看，《洁净与危险》都被认为是当代人类学的杰作之一。

在这本书里，道格拉斯采取了两分的视角，即："我们"——有着伟大宗教的传统——和"他们"——信仰原始宗教，终日为恐惧所困扰，来展开她的讨论。通过这样的视角，我们很清楚地领略到，许多用来定义"我们"与"他们"的食物是如何衍生和发展出来的。然而，这种视角恰恰是道格拉斯想要解构的。她认为，许多民族志资料并没有说明，原始社会的人们为什么被恐惧所驾驭。因此，这种态度无法将"他们"与"我们"区别开来。此外，对于"污染"的"信"绝非仅为原始社会的人们所专有。而试图控制无序、清除或者避开污秽等行动在所有的社会里都存在着。为什么所有的社会都相信污染的存在？这是因为污染可以服务于两个目的：围绕着污染信仰产生互相压制的语言，人们通过这些语言来站队划线；一些污染观念其实反映了对社会秩序的一般看法（参见：Douglas，1966：3）。由此可见，道格拉斯似乎是通过对"差异"的细查反过来寻找所有人类的相通之处。她在书开篇写道：

> 对我们来说，神圣的事物和场所不能沾染污秽。神圣与不洁是相互对立的两端。……但我们却把不区分圣洁与不洁作为原始宗教的一个标志。如果这是事实，那它就揭示了我们自己与祖先之间以及我们与现在的土著人之间，有着一条深深的鸿沟（Douglas，1966：7－8，转引自 Fardon，1999：85）。

但道格拉斯认为,这样的海湾是不存在的。她在理论讨论中几乎将自己置于与当代和先前的人类学家相反的位置。在那个时代,所有的宗教人类学的讨论都有很强烈的他我之别(us and them)。但道格拉斯却不这么看问题。在她看来,西方人的宗教观念里之所以有这样强烈的他我之别,是宗教本身建构出来的。换言之,它实际上是一个不断建构边界和分类的过程。道格拉斯将这种西方宗教建构出来的与"原始宗教"之间的他我之别,与犹太教和天主教、天主教与新教之间的他我之别同等看待。她认为,类似的两分激辩在基督教的西方的不同传统里固结了"伟大的宗教"与"原始的"之间的关系。从而,清教与天主教之间的关系与以下这些关系类似:希伯来人与异教徒、宗教与巫术、内在意志与外在表现、信仰与仪式,等等。总之,在道格拉斯看来,宗教研究当中截然的他我两分是有问题的。

在接下来的一章里,道格拉斯试图说明,在心理学的意义上,对经验世界的感受是建立在业已存在的分类之上的。在逻辑上,一个人整理经验和知识的能力是与一个人能拥有知识和经验相对应的。涂尔干从康德那里接受了这一观念,但又发展了这一观念。他注意到了社会里的一般性范畴/类别图式(categorical schemes):如果类别是共享的,它们就不可能独立地出现。而如果不是独立出现,那它们必定是有社会意义的(个体与社会在涂尔干思想里是最基本的两分)。涂尔干认为,如果范畴的出现是社会性的,那么分类的图式必定是以社会为模式。从而,其他的图式也就如同社会分类(对人口的分类)。对其他人口分类的概念同于对其他事物的分类,这是逻辑上联系的一序列观点,道格拉斯有时也追随之,但其主要观点却有别于此，从而她离开了涂尔干的轨道另辟蹊径。她认为，一个清楚的图式体系肯定对一个内在混乱的世界产生意义，但在事实上并非绝对如此：许多东西因为其反常，或者模棱两可，我们很难将它们准确地划归到某一类别。在这个语境里，文化——一个共同体所具有的一序列标准价值——必须要对那些无法归入任何共享的分类图式的成分做出表述。在第二章的最后，道格拉斯列出了处理模棱两可或者反常事项的五种选择：

1.重新归类反常事物（通常被某种仪式确认）
2.在身体层面上控制反常事物
3.回避反常事物的规则，确认和强化反常事物所不能遵守的定义
4.反常事物被贴上危险的标签——这是避免争论的最佳方式
5.在仪式中使用模棱两可的象征，如同它们被使用在诗歌中和神话里，来丰富意涵和引起对其他层次之存在的关注（1966：40－41，参见 Fardon，1999：88）。

如此一来，19 世纪以来那种他我之别的一分为二观念遂被洁净与危险这类相互矛盾的概念所取代。这些相互矛盾的概念在本质上都与有序与无序、形式与非形式（formlessness）、结构与非结构有关。这些自相矛盾的东西都表现为某种过程的后果，外在自然世界和人类经验都被作为潜在的威胁与无序来看待。被施加的秩序，是可理解的人的经验或者可预知的人类团结的前提。但在施加秩序的过程中，会有失序的残留物。文化会因为它在不同的类别里处理模棱两可和反常的事物而将之分类。“我们”——无论是现代人或者原始人——是关于经验图式秩序过程之同样法则

下的主体,法则同等地作用于神圣和世俗的事情(1966:41)。因此,任何有关分类(classification)的研究都必须是整体性的,这意味着必须能够把握产生反常事物和模棱两可的整体之模式设计。关于分类,道格拉斯在第三章"《利未记》中的可憎之物"(The abominations of Leviticus)的开篇指出:

> 污秽从来就不是孤立的。只有在一种系统的秩序观念内考察,才会有所谓的污秽。因此,任何企图以零星碎片的方式解释另一种文化有关污秽的规则都注定失败。使得关于污秽的观念可以讲得通的唯一方法,就是将它与一种思想的整体结构相参考,而且通过分离仪式(rituals of separation)使污秽观念的主旨、范围、边缘和内部线索得以相互联结(1966:42)。

这样,仪式实际上成为了分类的工具。道格拉斯对犹太教的禁奢令的分析,加强了仪式之重要意义的讨论。在第四章中,她写道:

> 其谬误之处在于设想存在某种完全内在性的宗教,而没有规条,没有礼拜仪式,没有内在状态的外显征兆。宗教就像社会一样,外在的形式是它的存在状况。……人作为社会动物也是仪式动物。即便有某种仪式被压制,它也会以另一种形式凸显出来。社会与其互动越剧烈,其所凸显的程度也就越强烈。……社会仪式创造了一个现实,离开了仪式,这个现实就不复存在。仪式之于社会要比字词之于思想更为紧密,

这样讲毫不过分。(1966:63)。

以上强烈地表达了她最主要的论点,即仪式的重要性。就像演讲可以创造思想那样,仪式可以创造体验。仪式是一个经验的架构,个体在这个架构中可以接受所斯待的经验。仪式,在她看来,具有真实的结果。中非恩丹布治疗师(Ndembu healers)带来社会关系的重新调整与社会工作者何其相似(1966:71－72)。库纳人的萨满(Cuna shamans)将女性的生育从阵痛到临盆分娩戏剧化为战胜艰难险阻的神圣旅行并到达终点的过程。这些萨满不啻为心理治疗师(1966:72－73)。在这两个例子体现的相似性倾向于抹去“他们”与“我们”之间的差别。值得注意的是,这一抹去过程包括了两种立论:其一,关于人类共同的认知系统的结构性立论;其二,在共享的社会分类体系方面——以及作用于这方面——的行动结果(参见 Fardon,1999:90－91)。

在前四章里,我们看到,道格拉斯通过各种例子的比较和讨论解析,试图阐明“我们”与“他们”之间的共性,这种共性就是在处理日常世界当中,都存在着许多自相矛盾的东西。在以“原始世界”为题的第五章里,道格拉斯转过来讨论起“我们”与“他们”差别的程度。至少到 1960 年代中期,道格拉斯的老师埃文思-普里查德依然在继续强调社会的“现代”和“原始”之分。受其影响,道格拉斯这本书的前几章里也提及丁卡人(Dinka)的相关例子,并强调,丁卡社会的所有经验都是重叠和相互渗透的,但“我们”的经验发生在不同的空间里,因此是碎片化的(见 1966:69、70)。因此,“进步意味着分化。原始就意味着未分化;现代就意味着已分化”(1966:78)。

如果我们能在《洁净与危险》的前四章看到涂尔干和莫斯《原始分类》(*Primitive Classification*)的影响,上述观点则完全重申了涂尔干有关机械团结(mechanical solidarity)和有机团结(organic solidarity)的区别。社会之所以为社会遂从基于相似性或同质性转为基于差异性或者异质性。但为什么社会差异和知性差异(intellectual differentiation)有关系?对此,道格拉斯从技术因素所导致的其他因素来说明"他们"与"我们"之间的差异所在。但她指出,技术因素的差异其实无法支持有关知性的差异。许多非洲人和澳大利亚人的宇宙观极其复杂,尽管他们的劳动分工低下。道格拉斯为分工添加了更为特别的意义,也就是康德的原则,即:思想只有在人意识到自身主体性的条件之后才能提高。她强调,反身性(reflexivity)就是一种不同,介于现代世界与原始世界之间。

但在第五章里,道格拉斯批评了有关"原始文化"这类概念。为什么"原始"一词会带有轻蔑的含义?这首先当然是"我们"欧洲人相信自己有着文化上的优势。当进步话语甚嚣尘上之时,提及"原始"是自然不过的事情。维多利亚时代的人类学家们相信,我们人类必然经过那么一个阶段,从原始到文明是欧洲人走过的过程。显然,在19世纪和20世纪初的人类学里,人们并不讳谈"原始"。我们都知道,人类学上出现"政治正确"(时下的流行术语)是人类学家出于公平道德感的一种考虑。但正如道格拉斯所指出的那样,通过这样的方式淡化差异实际上导致了真正的差异被刻意地忽视。在她看来,无论哪种文化都有"污染"的问题,但必须厘清"污染"在"我们"与"他们"的社会中的区别所在。

无疑,道格拉斯认为存在着"原始"和"现代"两种类型的文化。

她怀疑“人们在专业术语中尽量微妙地避开‘原始’这个词，正是私下里确信自己的优势的结果”（本书边码第93页）。但她的表述又说明，她并不认为两种社会的不同是因为这两类社会的人在本质上是不同的，对列维-布留尔（Levy-Bruhl）的批评是为其例。列维-布留尔主张，“原始人”与“我们”不一样，他们的思维看起来是跳跃性的，之所以如此乃在于“我们”与“他们”心性不同（mental difference）。道格拉斯认为，列维-布留尔应该在原始和现代的社会制度中寻找差异，“社会差别的一个不可避免的副产品是社会意识和关于公共生活过程的自我意识”（1966：93）。显然，道格拉斯认为，如果“现代人”与“原始人”有任何意义上的不同，那都是外源性的，二者的内在本质没有区别。在这点上，玛丽·道格拉斯与其说像涂尔干，还不如说像列维-斯特劳斯——尽管后者试图把人类的共性建立在我们共有的生理学（physiology）基础之上。在道格拉斯看来，人的自然本质是相同的，但身外的制度性结构可以导致差异。对列维-斯特劳斯而言则是，人正是在本质上相同的，所以存在着本质上的、思维结构上的共性。

从第六章到第九章，道格拉斯把焦点放在有关原始社会差异的社会维度上，讨论分类与仪式。这与前一章有逻辑关联，旨在将“原始社会”重新确认为正当性的研究主体（参见Fardon，1999：93）。正如她在第六章开篇之首所指出的那样，人类学家应该在无序中寻找有序。由于无序对既存秩序是破坏性的，因此无序象征着危险和力量。

社会有其正式的结构。如同分类系统，社会系统有其很好地定义了的区域和难以定义的缝隙。社会反常和模棱两可既危险又充满力量。通过对社会的正式的结构和正式的权力配置以及危险分布的分析,道格拉斯在这一章里揭示了人类共有的困境。她关于力量或者权力的看法有些类似法国思想家福柯(Michel Foucault)。在她看来,权力是基于许多正式的东西与周遭的非正式东西的对峙。最直接的权力与权威体系结为一体;而一般人是在社会结构的不明晰处去拾取模棱两可的角色;我们应当把一些非控制性的权力归功于他们(1966:100)。而内在的、难以言说的超自然力量则归属于那些使社会失序的人。在讨论社会结构与权力相似性的问题上,道格拉斯有三重分类,即权威的强迫性——正式的权力、产生于各种结构的缝隙当中的初步权力(inchoate powers)、对违背社会结构之反应的污染的权力。她注意到,在许多文化里,使用法术(sorcery)的人们往往处于缝隙中。她的最终结论是,社会结构与神秘的力量高度复杂,我们难以将它们直接联系在一起。

在《洁净与危险》的七、八、九章,作者处理分类系统的不同方面:它们如何把握外在边界、内在区隔与分类体系导致的一般性矛盾。在第七章,道格拉斯首先指出何为社会。社会有着清晰的边界和内部分工,而社会分工本身就足以"搅动人们的行动"(1966:115)。虽然任何人类关于结构的经验都可以象征社会,但是,生活形式的结构特别适于反映复杂的社会形式。道格拉斯用"身体"来比喻社会体,认为二者之间是相似的。这毫无创意,因为斯宾塞(Hebert Spencer)和涂尔干这两位社会学的鼻祖都在不同的观照里这样做过。道格拉斯认为,使用身体来象征社会,必须有这样的理解:

除非我们把身体看作社会的象征,看到社会结构的少量

和危险在人体上的小规模再现，我们就无法理解有关排泄物、乳汁、唾液和其他东西的仪式（同上：116）。

道格拉斯用了许多见之于原始社会和印度社会的例子说明，在对污染的“信”上，人们是如何利用身体来体现的——如同希伯来人被排斥为“少数”那样。总之，仪式是关乎存在与进入的象征（同上：127）。换言之，对群体社会边界的压力与群体对其成员身体边界的关注所产生的压力是相似的（Fardon，1999：95）。道格拉斯指出，“仪式演示的是社会关系的形式，通过直观地表现这些关系，它能使人们认识自身所处的社会”（1966：129）。在此，她不仅重申了涂尔干有关宗教表述（religious representation）的观点，也与韦伯（Max Weber）有关仪式致力于区隔身份集团（status group）的观点殊途同归。

继而，在第八章里，道格拉斯阐明了为什么社会里的区隔应当被保持和维系的道理。在这一章里，道格拉斯涉及了道德与污染的问题，她相信污染的法则与道德法则有些联系，指出：通过判断何者是为违规，何处道德法则不彰；通过调动公众的愤慨情绪；以及通过提供许可，污染法则实际上支持了道德法则（1966：134）。我们是不是从这段表述里看到了涂尔干有关犯罪具有社会功能之论说的影子？涂尔干认为犯罪是社会构成的一部分，它们推动了社会法制的不断完善（Durkheim，1984）。而另一位社会学家埃里克森（Kai Erikson）也认为，社会列出的偏差行为实际上构成了维护共同体所需的边界（Erikson，1966：10）。功能主义构成了这一章的理论主体。道格拉斯的分析提供了一种框架，对此，读者未必都会同意，而她本人对此也不是很满意。正如她在结束这一章时

所说的那样:“关于污染和道德之间的关系,我只能做这些粗略的概括。”(1966:139)

在第九章里,道格拉斯考虑的是许多社会规则所存在的矛盾之问题。例如,对性别关系的社会期待所存在的许多矛盾之处,等等。她总结说,强调男性直接控制的地方,往往不存在污染法则(如澳大利亚的瓦比里人);男性对孩子有着严格权利的社会(苏丹的努尔人)也少有污染的信念。但对于那些男性同敌人的女性结婚的地方(新几内亚的恩加人),将女性同时作为人和交易的商品(中非的莱勒人),或者男性必须控制他们的妻子和姐妹(赞比亚的本巴人)的社会,情况则恰恰相反。污染的法则表现了这种矛盾。概括而言,在这几个章节里,第六章讲述了政治过程和权力概念的复杂性;第七章讨论了身体与社会的边界;第八章从功能主义的角度探讨了污染的信念对社会结构的维系;第九章则是关于污染的虔信反映了社会规范准则里的矛盾(参见 Fardon,1999:95-96)。

最后,在“系统的破碎与更新”一章里,玛丽·道格拉斯离开了前面几章强调差异的讨论,回到了强调“同”的立场。法东认为,这简直是颠覆了她自己在第五章结尾处的观点(Fardon,1999:96)。我们知道,在那里,道格拉斯说,比起“他们”,“我们”更具有自我意识。当社会上差异性增加的同时,人们的社会自我意识也随之增加,等等。但在本章,道格拉斯提出了本书最初的问题:有没有任何社群会把神圣与不洁混淆起来呢?在制造社会边界的场域里,我们看到道格拉斯似乎认为二者之间是模棱两可的。但在这一章里,她断言,“每种文化都有它自己对于污垢污秽的概念,这些概念与文化对那些不可否认的积极结构的概念形成对照。……有些宗教的确经常将那些人们憎恶而抛弃的东西神圣化”。因此，道格拉斯要问，“通常情况下具有破坏性的污垢何以会在有些时候变成具有创造性了呢”？（见本书边码第 196 页）。

如果说，确定不洁起了排斥和建构边界作用，那么是否在神圣的场合都能接受不洁呢，如果仪式本身建构了“内”或者“我们”与“外”或者“他们”之墙，兼具包容（inclusion）与排除（exclusion）的功能？事实上，这当然是不可能的。作为一位虔诚的天主教徒，我们可以从道格拉斯的书中看出，她经常从一位信仰者的立场来思考问题。许多关于污秽污染的案例，在她看来最终总是与“死亡”相联系。她似乎认为，伟大的哲学都是与对死亡关怀有着渊源关系，伟大文明又何尝不是如此——如果我们主张每一个伟大的文明都是一株伟大宗教之树的枝蔓所构成，而任何宗教的核心关怀都是死亡。所以，她批评道，“将莱勒人看作试图逃避整个死亡主题的民族的代表是不公平的”（见本书边码第 212 页）。也就是说，莱勒人理解死亡是怎么一回事，尽管他们将个体的死亡看作反社会者施为的结果。但这种对于死亡的推论却使他们避开了对死亡的形而上的思考。说到底，道格拉斯还是无法彻底摆脱现代的“我们”与原始的“他们”之两分。她说，莱勒人对穿山甲的膜拜活动“为人们提供了对于人类思想范畴不完善性的沉思”（见本书边码第 213 页）。在这些讨论中，她隐秘地流露出一些或许她自己不会意识到的、对于欧洲基督教所持有的优越感：“但有资格做这种思考（关于死亡的思考——笔者注）的人毕竟为数极少”（见本书边码第 213 页）。

既然如此，那道格拉斯又是如何来与她本章重返的关于共同

性的话题自洽呢？她如此写道：

> 人们通常认为，最伟大的形而上学发展离不开最彻底的悲观主义以及对此生美好事物的蔑视。如果它们能像佛教那样教导人们个人的生命如微尘一般，生命中的快乐短暂且不圆满，就会处于更有力的哲学地位，就能在无所不在的宇宙目的情境中思考死亡了。广义地讲，原始宗教的义理与芸芸众生接受的更精细的哲学并无二致：它们并不那么关注哲学，而是对仪式和道德遵从所能带来的物质利益更感兴趣(本书边码第214—215 页)。

在此，道格拉斯把“他们”与“我们”中的大部分相互等同。这么一来，从一位宗教虔敬者的角度来看，

> ……接踵而来的难题是，最强调仪式工具性效用的宗教也最容易失去人们对它的信仰。如果忠诚的信众都把仪式看成获得健康和繁荣的手段，看成一盏盏可以被擦的神灯，那么终有一天，仪式的全套程序都会变成空洞的闹剧。因此，信仰的某些内容必须被保护起来以免受失望的困扰，否则它们就不能维持人们对它的赞同(本书边码第 215 页)。

换言之，客观而言，为何所有文化都在信仰方面带给人以某种神秘感？原因乃在于为了使信仰本身能够得以延续。根据上述，我认为，道格拉斯视“我们”与“他们”的信仰在结构上是相同的。虽然

"他们"在"我们"的眼里是那么地不一样，但透过现象看本质，"我们"不也同样虚幻？如果"我们"的教会、寺院都毫无秘密或者神秘可言，那这个世界上还能有多少虔敬宗教的人是很可疑的。所以，世俗化的过程必然与祛魅相伴而行，而祛魅不过就是理性的张扬使笼罩着人们的神秘氛围日渐消散的过程。

如何使神秘性不被消解以保证信众不对仪式失望？道格拉斯通过对莱勒社会的穿山甲膜拜和其他民族志资料分析总结出三种方法。第一种是假设社群内外有敌人在不断地消解仪式的有益作用。这样一来，非道德的魔鬼、巫师、女巫等就成为追究的对象。但这样的保护作用有限，因为它确认仪式为了满足欲望的正确性，从而还是暴露出仪式不能达到目的之弱点。这样就有了第二种方法，即：让仪式的功效系于困难的情境——一方面使仪式复杂化，容不得一丝一毫的差错；另一方面则系于道德的情境，即：仪式的表演者和观看者必须具备的合适心态——这样能使仪式整体在一种敬畏的氛围中升华。第三种则是让宗教训诫改变其侧重点。在笔者看来，这就是如何才能让人们寄托于诸如来世或者类似的思考和幻想上，比如，让死亡的污染成为积极的创造性角色。道格拉斯认为，这样还弥补了原始宗教在形而上方面的裂隙。

上述，难道不是说明了人类信仰活动具有普遍性吗？在本书的最后，道格拉斯写道：

> 年迈的鱼叉之王发出信号让别人杀死自己，这就构成了一个固定的仪式行动。这行动没有阿西西的圣方济各赤裸身体在污秽中翻滚迎接他的姐妹——死亡——那样来得引人注

> 目。但他的行动触及同样的神秘。如果有人持有死亡和受苦不是自然整体必要组成部分的观念,这个错觉就得到了纠正。如果还存在这样的诱惑,即把仪式看作神灯,只要不断地摩擦它就能获得无穷的财富和力量,仪式就展示了它的另外一面。如果价值的阶序还是赤裸裸的物质,那么悖论和矛盾就把它戏剧性地加以颠覆。在描画这样的黑暗主题时,污染象征就像黑色在任何画面中一样必不可少。因此我们看到,腐朽会在神圣的地方和时刻被奉为神奇(本书边码第220页)。

曾有一位热衷收藏艺术品的美籍波兰学者对我说过,“西方文化是关于死亡的文化”。我对这句话印象深刻。道格拉斯的《洁净与危险》最终还是把是否关怀“死亡”作为形而上哲学在宗教里产生的关键所在。她这样的思考没有错,她甚至把拥抱死亡的象征或者死亡本身视为“为善力量的伟大释放”的前提。从这一立场出发,道格拉斯试图证明原始宗教与世界上所有的制度性宗教具有共同之处。当然,证明所有人类的本质是相同的,这是一个崇高的目的。然而,从道格拉斯的讨论里,当她聚焦于差异时,死亡是一个话题,并在此隐秘地,而且完全可能是下意识地表露出“我们”之所以为“我们”的优越感,因为“我们”意识到死亡,故而理解存在的意义。当她回到论证所有人类的共性时,死亡再度成为话题。这回她相信“他们”有自己对死亡和对存在的理解,尽管她迂回并且模棱两可地解释了这种可能性。但毕竟我们还是从中体会到,一位英伦中产阶级背景的人类学家,在努力理解人类共性的过程中,所彰显出来的人道主义和平等主义立场。

参考文献

Descola, Philippe. 2013. *Beyond Nature and Culture*. Translated by Janet Lloyd. Chicago and London: University of Chicago Press.

Douglas, Mary. 1966. *Purity and Danger: An Analysis of Concepts of Pollution and Taboo*. London: Routledge and Kegan Paul.

——. 1963, *The Lele of the Kasai*, London/Ibadan/Accra. Oxford University Press.

Durkheim, Emile. 1984[1893]. *The Division of Labor in Society*. New York: Free Press.

Erikson, Kai. 1966. *Wayward Puritans: A Study in the Sociology of Deviance*. New York: John Wiley and Sons.

Fardon, Richard. 1999. *Mary Douglas: An Intellectual Biography*. London: Routledge.

Goody, Jack. 1995. *The Expansive Moment: the Rise of Social Anthropology in Britain and Africa 1918—70*. Cambridge: Cambridge University Press.

Kuklick, H. . 1991. *The Savage Within: the Social History of British Anthropology 1885—1945*. Cambridge: Cambridge University Press.

目　　录

致　　谢 vii

我对污染行为最初的兴趣源于斯利尼瓦斯教授(Srinivas)和已经逝去的弗朗茨·斯坦纳(Franz Steiner),他俩一位是婆罗门,一位是犹太人,因而在日常生活中都免不了要处理有关仪式性洁净的问题。我感激他们使我增强了对于分隔、分类以及清洁的敏感度。后来我到刚果进行田野工作,那里的文化也有高度的污染意识,这时我发现自己对那种零敲碎打的解释产生了成见。我把任何仅限于一种污垢或一种情境的仪式污染的解释当作零敲碎打。我最要感谢的就是使我产生这种成见的来源,它促使我寻找一个系统化的方法。没有哪套特定的分类象征可被孤立地理解,但我们仍然有希望,即在所研究的文化中通过其与总体分类结构的关联来找出这些分类象征的含义。

1

20 世纪初的几十年,结构主义的方法已经得到广泛传播。这尤其得益于格式塔心理学(Gestalt psychology)的影响。它对我 viii
的直接影响则是通过埃文思-普里查德教授对于努尔人(the Nuer)政治体系的分析(Evans-Pritchard 1940)。

这本书在人类学中的地位好比是汽车设计史中无框架底盘的发明。先前汽车底盘是与车体分开设计的,最后在主体钢架上组装起来。同样,政治理论通常把中央政府机构作为社会分析的框架：社会和政治机构则可以被分开考察。人类学家满足于用一张官衔清单及其组装来描述原始的政治体系。如果中央政府不存在，政治分析就被认为是毫无意义的。20 世纪 30 年代，汽车设计人员发现，一旦把汽车看成一个整体，他们就可以去掉那个钢架。原先由钢架承受的压力和张力如今可以由车体本身来承担。几乎是在同时，埃文思-普里查德发现他也可以用这种方法来分析一种政治体系。这个体系中不存在中央政府机构，权威和政治功能的张力散布于政治实体的整体结构当中。因此，早在列维-斯特劳斯(Lévi-Strauss)被结构语言学激发出灵感并把它应用于亲属关系和神话研究之前，人类学领域就已经有了结构主义的进路。如今，任何一个研究污染仪式的人都试图把一个民族对洁净的观念看作一个更大整体的一部分。

我的另一灵感源泉是我的丈夫。在事关洁净的问题上，他的忍耐度是大大低于我的。结果，正是他而不是别的什么人迫使我持有污秽的相对性立场。

许多人曾与我讨论过书中的章节，我非常感激他们的批评，尤其是海斯洛普学院(Heythrop College)的百乐民学会(Bellarmine Society)、罗宾·霍顿(Robin Horton)、路易斯·德·苏斯伯格神父(Louis de Sousberghe)、史弗拉·施特里左维博士(Shifra Strizower)、塞西莉·德·蒙肖博士(Cecily de Monchaux)、维克多·特纳教授(Victor Turner)和大卫·波尔博士(David Pole)。还有
ix 一些人阅读了个别章节的草稿并做出了评价，他们是：第一章威尔斯博士(G. A. Wells)，第四章莫里斯·弗里德曼教授(Maurice Freedman)，第六章埃德蒙·利奇博士(Edmund Leach)、艾奥

安·刘易斯博士(Ioan Lewis)和欧内斯特·格尔纳教授(Ernest Gellner),第九章麦尔文·麦吉特博士(Mervyn Meggitt)和詹姆斯·伍德伯恩博士(James Woodburn)。我尤其要感谢的是大学学院(University College)希伯来研究所所长斯泰因教授(S. Stein),他耐心而细致地对第三章的初稿进行了修改。他没有看过最终的定稿,因而不必为定稿中新冒出来的圣经学方面的错误负责。达里尔·福德教授(Daryll Forde)也一样,他多次阅读了本书的前几稿,但是也未曾读过定稿,因而也不必为最终结果负责。我尤其对他的评论表示感激。

这本书提出的只是个人观点,或许会引起争议,并且通常并不成熟。希望本书中争论所涉及领域的专家们会谅解我的冒犯,因为它属于一直以来被局限于单一学科内部而苦受压抑的研究课题之一。

玛丽·道格拉斯

x # 卢德里奇经典文丛版序言

我仍清楚地记得当我把这本书拿给一位出版商时的紧张和不安，还有当卢德里奇出版社（Routledge）与我签下合约并预付 100 英镑时我的惊诧程度。这本书于 1966 年出版时，我的诧异被证明不无道理：它获得了一些非常慷慨的评价，但是在两三年的时间里总共卖出不到 200 本。诺曼·弗兰克林（Norman Franklin）安慰我说这并不必然意味着失败：或许这本书正是出版商们所说的

4 “睡美人”，也就是说它或许会在一段时间的蛰伏之后突然大行其道。他是对的。至今这本书的销量仍在不断增长，因此我十分感谢出版商，是他们一直以来坚持出版本书的各种新版本和各种译本。

本书是关于污秽和传染观念的论述。20 世纪 50 年代，我得了传染中的一种——麻疹，并且不得不卧床一周，正是在这段时间
xi 里，有关污秽和传染的想法在我头脑中初步酝酿。我身体恢复之后的第一个写作任务就是要完成已经超期了的关于非洲田野工作

的专著。[1] 有关莱勒人(Lele)以及他们严格的食物规则的写作占用了我十年中最好的时光。托儿所和厨房里那些日常生活的背景或许能解释这些暗喻何以了无新意。或许正因为此,这个论点的建构才令我大费周章。

本书沿着两个主题展开。一个主题展示禁忌作为一个自发的手段,为的是保护宇宙中的清晰分类。禁忌保护了关于世界是如何组成的这一问题的地方共识。它挺起了那摇摆不定的确定性。它能够减少知识上和社会上的混乱。我们大可质疑:为什么有必要保护宇宙的原始分类以及为什么禁忌是如此的五花八门?第二个主题就是对以上问题的回答,它针对含混所带来的认知不适做出反思。含糊的事物看上去会很有威胁感。禁忌直面这种含糊不清,并将其归入神圣的类别加以回避。

有关原始宗教的早期著述认为,禁忌既属异类又无理性。污垢的概念在我们的当代文化与那些他者文化之间架起了一道桥梁。那些文化把混淆宇宙伟大分类的行为定为禁忌。我们通过将污秽视为肮脏和危险而贬低之;他们则禁忌之。

两者都把对既成分类的挑战置于某种有可能导致危害的理论控制之下。人们因为不能符合别人的标准而处于危险的威胁之下,这样的场合何其寻常。这些显而易见的荒谬威胁和许诺通常被用来诱导人们服从,特别是在托儿所这样的地方。如果有个小女孩不愿吃菠菜,阿姨会说菠菜能使她的头发变卷;如果女孩巴不得头发不卷,阿姨便会诉诸威胁:“你不把你那份菠菜吃完,就不会

---

[1] Douglas, M., 1963. *The Lele of the Kasai*. Oxford University Press.

长个儿。”“什么胡话?”孩子想,仍然拒绝接受。

成年人把对健康不利作为威胁。污垢虽然看上去不美,却也
xii 不一定就危险。我怀疑那些漫不经心的涉水仪式是否真能杀死细菌,或者会因为使用破损了一点的陶器而感染病菌。我珍爱的一个瓷杯上面有了一小块破损。别人说我应该把它扔掉,可我很喜欢那个杯子,就没扔。老师于是警告说杯子破损的那块地方可能藏污纳垢。我讨厌这种有企图的强迫,认为这个被唤起的危险只是被用来支持一个礼貌的习俗:我不能再把这个损坏了的杯子拿给客人用。这些自然产生的微型禁忌(micro-taboo)行为略显琐碎。以下我会引用一些更重大的例子。知趣的人一般会相信打破禁忌会带来危险,只要这项禁忌支持道德和适当的行为准则。

可信性

禁忌有赖于某种形式的团体性共谋。团体中的成员如果不遵守它,这个团体就不能存在下去。在那些不要破坏团体价值的间接警告中,成员们显示了他们的关心。我用“间接”这个词是因为直接的警告(例如“尊敬你的父亲”或者“不可乱伦”)从相应的关于宇宙的描述中获取间接的支持。这里隐含的理论是:大自然会为那些被打破的禁忌报仇:水体、陆地、动物生命以及植物会组成一个军械库。它们会自动地保卫建立社会的法则。人体本身也随时准备这样去做。

本书是人类学在20世纪40年代至50年代与种族主义斗争中打出的又一记迟到的重拳。它直接的靶子是有关原始人心智(primitive mentality)的观念。当时异邦的宗教由于其古怪的信仰而被贬低。因此，我们很有必要纠正那些误解，并且重估仪式性不洁和禁忌的价值。在这场运动之中，《洁净与危险》这本书针对的是学术阅读群体，比如人类学家和比较宗教学者等。

雷金纳德·拉德克利夫-布朗(Reginald Radcliffe-Brown)曾经给我老师那一代的人类学家讲课，他曾非常明确地指出，禁忌具  有保护的功能。[①] 不可否认，他的理论针对的是"原始人"，而非我们自己。我的想法是要让他的这个洞见更加具有一贯性和包容性。单独看一条条禁忌，我们会发现它们是如此地稀奇古怪，以至于任何一个有理性的人都很难对它们产生信任。我因此而称之为共谋。人们之所以相信是因为他们共同地想要相信。这种因相互支持而产生共同幻觉的共谋在信仰中普遍存在的程度还有待研究。

对禁忌的研究不可避免地会对信仰的哲学产生冲击。维系禁忌的规则会像一个社会中的领导成员所希望的那样具有压制性。如果观念的制造者想要阻止自由人与奴隶通婚，或者是想要维持一个王朝跨代结婚的复杂链条，或者他们想要更加苛刻地征税——无论他们是为了养活圣职者或是为了奢华的皇家仪式——支持他们意愿的禁忌系统就会一直存在下去。批评会被压制，生活的整个区域会因为不可言说而最终变得不可思议。但是，当舆论的控制者想要换一种不同生活方式的时候，禁忌就会失去其可

① Radcliffe-Brown, A.R., 1952. *Structure and Function in Primitive Society*. Cohen and West, London.

信性，而且其对宇宙的有选择的看法和观点也将会被修正。

禁忌是一个自发的编码实践(coding practice)。它会建立一套关于空间界限的词汇以及一套物理的和口头的信号，为的是把一套脆弱的关系维系在一起。如果这套编码没有得到敬重，它就会以某种危险相威胁。有些随禁忌被打破而带来的危险会不加选择地向所有接触者传播伤害。打破禁忌会带来危险的恐惧，如同传染，会扩散到整个团队之中。

《利未记》中的可憎之物

我要用这篇序言来坦承一个重大错误。在本书第三章“《利未记》中的可憎之物”，我试图用摩西对饮食的规定为例子来说明污
xiv 染理论。我研究了《利未记》第十一章中有关禁止食用的动物清单，发现那些规则有跟《创世记》故事一样对三种环境的分类，分别是陆地、水体和空气。当时看，这种禁止可以被解释为针对一些反常生物的禁忌。每个物种都有其特定的环境。但有些物种不像其他物种那样中规中矩。在现有饮食规则不能提供令人满意的解释的情况下，这样的论点很有吸引力。

通过使用《圣经》术语“洁净”(clean)来代表其所处的类别是适当的，即适合的和相称的，我列举了分蹄反刍动物作为陆生洁净动物的代表：这就是为什么以色列人被允许食用他们放养的牛、绵羊和山羊。禁忌即反常的理论认为，正是由于它们有不正常的蹄，猪、骆驼和岩獾才是不洁净的。以此解释人们对爬行动物的禁忌很容易：因为水、陆、空里都有爬行动物，它们就打破了环境的分类。被禁食的水生动物都是无鳞无鳍的。鸟类则更加困难，因为《圣经》没有给它们定义，因而无法用一种或另一种方式解释被禁食的鸟类。

这段分析是本书中最受关注的地方，大多数的评论都指出这种禁忌理论对于禁食猪肉的解释不够充分。

我当时忽视了三个基本错误。一个是循环论证的诱惑，先假定一个物种被禁食是因为它们反常，再用研究去挖掘它的反常特点。其实反常就跟相似一样：任何东西都会具有某些反常的特性，正如任何两个事物之间必然存在相似点一样。[1] 更重要的是，关于制定这些规定的《圣经》中其实并不存在希伯来人当时社会体系的任何确定性暗示。这些禁忌似乎并不导致对不端行为的惩罚。尽管关于社会结构的暗示是禁忌理论不可或缺的一部分，然而遍寻这些禁食规定，我们无法找到任何这样的暗示。我当时忽略了 xv 9
这一点，武断地确信接下来对古代以色列文化的历史研究一定会揭示出这个难题的剩余部分。但这个期待一直未获实现。饮食规定并没有警示违犯者，指出他们的不端行为会招致惩罚。违反禁食规定确实是罪过：但这一规则却很难跟冒犯上帝或者冒犯他人的其他罪过间接地联系起来。

最严重的错误在于，我当时毫不怀疑地认为，《圣经》中理性、公正和悲悯的上帝绝对不会在设定禁止食用的动物时前后不一。《圣经》上说，人不能吃腹部着地爬行的动物，因为它们是可憎的。

① Nelson, G., 1952. 'Seven Strictures on Similarity', in *Problems and Projects*. Bobbs-Merril Co. Inc., pp. 437—47.

与《密释纳》和犹太拉比们一样，我想当然地认为它们就是可憎的，因而把它当作污染理论的一个例子。今天我怀疑它们是否真的可憎，而倾向于认为伤害它们才是可憎的。

再次阅读《利未记》之前，我研究了与它相关的《民数记》，这是摩西五经中另一卷有关训诫的律法书。我得出的结论是，编写书卷的祭司们被后世的释经者们严重误解了。对于这个观点的解释和论证，在两本书中都有所提及，[①]因此我这里就不再重复。我想我现在有充足的理由指出，那些对于不洁动物的禁止不是基于憎恶，而是关于规则的精细理智结构的一部分。这个规则结构反映了上帝与人之间所立的约。人们和他们所豢养的牲畜之间的关系内在地与上帝和人之间的立约关系相类似。陆生动物属于上帝，他怜惜它们，保护它们免于流血，除非要把它们用来献祭(《利未记》第十七章第四节)。以色列人只能吃那些被允许用来献祭的陆生动物，也就是说，他们被限定只能吃那些完全依靠牧人才能生存
xvi 生活的动物。祭坛上可焚烧的，厨房里也可烹煮；祭坛可吞噬的，人体也可消化。饮食规定所折射的正是人体与祭坛之间的内在关联。

其他陆生动物则属于类别上的异数：从严格的仪式技术层面上讲，不反刍的四肢行走的动物不洁。不洁就意味着它们既不可用于献祭也不可用作食物。另有一套不同的规则定义了针对某些空中飞的和水里游的以及陆上爬的动物的禁忌。《利未记》没有把它们归为“不洁”(unclean)，只把它们归为“可憎”(abominable)。

---

① Douglas, M., 1993. *In the Wilderness: the Doctrine of Defilement in the Book of Numbers*. Sheffield; Douglas, M., 1999. *Leviticus as Literature*. Oxford University Press.

上帝明示挪亚，让他把爬行动物一并带入方舟(《创世记》第七章第二十节；第七章第八、十四、二十节)。这几处的经文显然强调了多产的原则。创世之初，爬行动物被用来繁殖和增加数量，即便在大洪水之后，类似的上帝旨意仍被多次重复(第八章第十七节)。大家公认的对于动词"憎恶"的解释一定出了问题。事实上，上帝关爱它们。我已经解释过[①]为什么我会把"你应该憎恶它们"以及"它们是可憎恶的"翻译为"应当避开它们"的指令。

将近40年前写作本书第三章时我的想法尚未成熟。关于《圣经》我犯了一些错误，这些错误令我至今抱憾。长寿是一种福气，它使我有机会发现并更正这些错误。

不时髦与不清晰

现如今，我们很容易理解为什么在1960年代对于不洁的研究一直不太流行。在那十年里，人们被不断升级的越战所困扰和震动。《洁净与危险》出版两年后的1968年，全世界范围的学生运动爆发。占统治地位的新文化摒弃了任何形式的统治。商业和战争都是虚假的，还有一切形式的利己主义与伪善；正式组织的宗教和仪式被谴责，服饰、食品和身体举止等礼仪也被摒弃。在那个花儿之子(flower children)[②]趋之若鹜地盛赞爱的力量的狂喜年代，我

---

① Douglas, M., 1993. *In the Wilderness: the Doctrine of Defilement in the Book of Numbers*. Sheffield; Douglas, M., 1999. *Leviticus as Literature*. Oxford University Press.

② 俚语，美国1960年代至70年代嬉皮士运动中的一个流派，因佩戴花朵象征爱与和平得名，后被广泛指代所有嬉皮士。——译者

xvii 却出了这本为社会束缚作辩护的书。在那个时代，歌颂结构和控制当然不合时宜。

1950 年代的社会学十分感兴趣于边缘性（marginality）和人们对越轨（deviance）的构建。这种普遍情绪攻击了那种随时把人边缘化和予以谴责的普遍态度。1960 年代至 1970 年代的文化走得更远。它强烈质疑各种各样的屈服——女性的屈从、殖民的傲慢、西方对东方的蔑视、对病人和弱者的无情歧视。社会思潮流行的著述是伸张未获满足的自由。这就是为什么这本书会一直“沉睡”，直到花儿的力量[①]的文化幻灭方才苏醒过来。

除了不时髦之外，这本书如果写得更清晰些或许也能更好地被读者接受。我的中心论点之一是理性行为都离不开分类。分类的活动是一种普同人性。在这方面，我参照了涂尔干和莫斯关于分类的论文，[②]这篇论文对我这一代人类学家来说无疑是经典。他们清楚明白地论证了分类为组织所固有；它并不是为自娱自乐的认知操演。我自认为已经对这个假设做出了明晰的解释：组织需要分类，而分类又是人类协调的基础。但事实上我的这个阐释还不够清晰，以至于还是有一些读者认为我是在说任何形式的含糊不清都会带来普遍强烈的认知不适。例如埃德蒙·利奇曾写到，异常性（anomaly）是神圣的一个突出特点。他似乎认为人们

① “花儿的力量”（flower-power）是美国 1960 年代至 1970 年代嬉皮士运动中的口号之一，用爱、和平和非暴力的消极抵抗来表达反战等政治诉求。——译者

② Durkheim，E.and Mauss，M.，1903.‘De Quelque Formes Primitives de la Classification：contribution à l'étude des Représentations Collectives’，*L'Année Sociologique* 6：1—72；trans.R.Needham，London 1963 in *Primitive Classification*.

无需在劳动分工中挖掘其本地根源，就可以在任何异文化的分类系统中识别出异常性。[①] 生物学家们在这个方向上走得更远，他们认为污垢作为一种身体排泄物，不可避免地会引起人们普遍厌恶。他们应当记得的是，实际上并不存在污垢这个东西；如果不存在一种特定的分类系统，所有不适合这个系统的东西也就不会被视为肮脏。

《洁净与危险》预先假设任何人都会觉得污垢令人感到受威 xviii 
胁。我仍要坚持这个观点。但是什么东西可以被算作污垢呢？这依赖于我们所使用的分类。巴兹尔·伯恩斯坦(Basil Bernstein)有一个令人信服的评论：一个人生活中的某些领域必须保持干净整洁，而在另外一些领域，人们会愉快地容忍肮脏和混乱。有些人当然会一直生活得很有条理。但我是否该体谅那些痴迷的艺术家呢？他们对杂乱的容忍是完全彻底的。他们的工作室混沌一片，他们在那里睡，在那里吃，创作灵感一来甚至没时间去卫生间，就把尿撒在洗手盆里或者窗外。一切看上去都乱了套，但他们的画布不乱：平静和秩序统治着那里的一切。对他来说，画布是唯一神圣的空间，在那里，完满是必需的，丁点儿的杂乱都会使他焦虑。

深受伯恩斯坦本人有关家庭生活分类著作的影响，[②]我为了回应他的观点，提出了一个原理，用于比较分类对于维持不同的社

① Leach, E.R., 1976. *Culture and Communication. The Logic by which Symbols Are Connected*. Cambridge.

② Bernstein, B., 1971, 1973, 1975. *Class Codes and Control*, 3 vols. Routledge & Kegan Paul, London.

会形态的重要程度。[1] 我的目的是创造一种方法来系统地探究文化。这个方法使用一个2×2的矩阵(又称格/群)来检验社会组织的差异如何与信仰和价值的差异相联系。我的下一本书将这种方法应用于经济行为。[2] 罗素·塞奇基金会(The Russell Sage Foundation)针对食物呈现之复杂性的研究项目[3]进一步发展了这种方法。在那时,这种刚刚起步的研究仍仅限于学术范围之内。当时的研究焦点不再是污染和禁忌,而是如何衡量和解释文化变异。但是在1970年代,事情有了转机,最初被搁置一旁的关于不洁和污染的研究又突然流行开来。

风险与政治

我最初写作《洁净与危险》时,全然不知在不久的将来对污染
xix 的恐惧将会支配我们的政治场景。1960年代那充满热情的道德法则在1970年代被用来攻击置我们于危险境地的凶暴的技术发展。我们开始害怕空气污染、水污染、海洋污染甚至是食物污染。自从17世纪赌博概率受到关注以来,风险的话题一直处于沉睡的状态。现在,一个新的学术门类应运而生,那就是风险分析。《洁净与危险》一书讨论的主题与此不期而遇。

---

① Douglas, M., 1970. *Natural Symbols: Explorations in Cosmology*. Barrie and Rockcliffe, London.

② Douglas, M., 1979. *The World of Goods*. Basic Books, New York.

③ Douglas, M. (Ed.) 1984. *Food in the Social Order: Studies of Food and Festivities in Three American Communities*. Russell Sage Foundation, New York.

已故的政策分析家亚伦·威尔达福斯基(Aaron Wildavsky)看到有关污染的人类学研究与当前的形势相关。先前的社会科学曾经运用心理学以及屡试不爽的阶级、财富和教育分类来分析这些恐惧。风险分析的新主题试图超越围绕着核电站以及液化天然气设备的政治纷争。将政治带入学术进程的做法是一种禁忌，它威胁了客观性的主张。然而，我们还是合作完成了一本有关风险感知的书，[①]这本书在不削减客观性的基础上运用文化理论来谈论政治。我们的书要说明的就是风险感知有赖于共享的文化，而不是靠个人的心理。

危险具有多面性而且无处不在。如果个人要关注和处理所有危险，他的整个行动就会瘫痪。因此，焦虑必须有选择性。我们因而得出的结论是，风险如同禁忌。有关风险的讨论充满高度的道德和政治感情色彩。命名一个风险等于确立一项指控。要确立哪些危险可怕，哪些危险可被忽略，取决于风险谴责者想要阻止的是哪些行为。它要对付的不是冒险的运动，不是晒太阳，也不是横穿马路；而是与核风险以及化学风险相关——简而言之，是与大工业和政府相关的活动。接下来的调查研究表明，政治关联性是风险态度分布的最佳指示器。

我在《洁净与危险》中用来说明主题的有关禁忌的例子在效果上主要是保守性的。它们保护一个抽象制度，使它免于被颠覆。
如果当时能预见到禁忌的政治含义，我会选一些更激进的禁忌。 xx

① Douglas, M. and Wildavsky, A., 1982. *Risk and Culture: An Essay on the Selection of Technological and Environmental Dangers*. University of California Press, Berkeley.

确实有一些禁忌强调再分配的政策，也有一些能有效地防止政府和个人积聚权力。如果有机会重写本书，我将知道要找些什么案例来匹配最初的叙述。如果风险和禁忌最终能被平等地用于保护对良好共同体的想象，无论这种想象是稳定连续性的还是持续的激进挑战，都能达成我的最初意图。

关于原始心智的理论如今不再适用。时间飞逝，我希望当年写作本书要为之辩护的那项事业已经取得了胜利。但由于它已经变成了关于心智和社会的一种话语，所以未来或许会有新的转机证明出版商再版本书的决定有其道理。

玛丽·道格拉斯

2002年2月

导　言 1

19世纪的人们发现了原始宗教有两种特性，因此将它们从世界伟大宗教的阵营中划分出去。特性之一是这些原始宗教都出自畏惧，特性之二是它们内在地与污秽洁净相关。几乎所有传教士和旅行家对原始宗教的记载都会讲到其信徒生活中的畏惧、恐怖或惧怕。这些记载可以上溯到一些古已有之的信仰，即一个人如果大意地跨越了禁忌的界限或者进入了不洁的状态，可怕的灾难就会降临在他身上。由于理智被恐惧所辖制，因此就可以解释原始思想中为什么会存在另一些特性，尤其是关于污秽的观念。正如利科的总结：

> 污秽本身微不足道
> 唯其表象令人困顿
> 身处其中鲜能反思
> 因之遁入恐怖之境
>
> (Ricoeur，p.31)

但深入这些原始文化之中的人类学家却没有发现什么恐惧的 2

迹象。埃文思-普里查德的巫术[①]研究主体在他看来是一群最快乐和无忧无惧的苏丹人，即阿赞德人（Azande）。即使一个阿赞德男人发现自己被施了法术，他的反应也不是恐惧而是震怒，就和我们发现自己成为别人贪腐的受害者时的感觉一样。

同样是埃文思-普里查德研究对象的努尔人是一个有着虔诚信仰的民族。他们把神看作自己亲密的朋友。奥德丽·理查兹（Audrey Richards）目睹本巴人（Bemba）的女孩成人礼时，也注意到仪式参与者的态度十分随意和放松。这样的事例不胜枚举。人类学家原本期望看到整个仪式过程至少是充满敬畏的。结果，他惊骇地发现情况并非如此，就像一个持不可知论的观光客参观圣彼得大教堂，所看到的是成年人失礼地喧哗谈笑，小孩在教堂的地砖上拿铜板博彩作戏。因此，那种认为原始宗教充满恐惧以及认为这种恐惧会阻断头脑机能的观念，显然都是对这些宗教的偏颇理解。

反之，只要我们能多少带着一些自知之明沿着卫生这条进路前行，景象就大不相同。正如我们已知的，污垢从本质上来讲是无序状态。世界上并不存在绝对的污垢：它只存在于关注者的眼中。即使我们试图避开污垢，那也不是因为怯懦惧怕，更不是害怕招致天怒。我们关于疾病的观念也不足以解释我们清除和躲避污垢时的种种行为。污垢冒犯的是秩序。去除污垢并不是一项消极活

① 在中文语境中，巫术、魔法、巫师、魔法师等没有很明确的区分，本书为了避免混淆，在译文内部对这几个词汇进行了区分；witchcraft 译作巫术，witches 译作巫师，magic 译作魔法，magician 译作魔法师，sorcery 译作法术，sorcerer 译作法术师。——译者

动，而是重组环境的一种积极努力。

我个人相当能够容忍无序(disorder)。但是我总能回忆起我
在某个浴室里所感到的不舒适。那间浴室纤尘不染，油垢和尘污
都无影无踪。那是在一个老房子内走廊两端的两道楼梯之间各安
一道门而搭成的浴室，但室内的装饰却未作改变：文诺格拉多夫
(Vinogradoff)的刻像、书籍、园艺工具以及一排胶皮靴。作为房 3
子背面的走廊尽头的一角，这种装饰颇说得通，但是作为一间浴
室——这种印象就大煞风景。尽管我几乎不曾觉得有把观念强加
给外部现实的必要，但至少也开始理解那些更为敏感的朋友们的
行为了。在去除污垢、糊墙纸和整理杂物的过程中，我们并不是受
到了“要逃离污垢”的渴望的驱使，而是要积极地重建我们周围环
境的秩序，使它符合一种观念。我们规避污垢的行为不存在什么
恐惧和不理智：它是一项创造性的活动，是要把形式和功能联系起
来，把体验统一起来。既然这就是我们要分隔、整理和净化的理
由，那我们也应当从同样的角度解释原始的净化与预防活动。

在本书中，我尽可能向大家展示洁净与非洁净仪式能够在体验中创造统一。它远非对宗教中心目标的背离，相反，它恰恰是对救赎的积极贡献。通过它们，象征模式被发现并且公开地展示出来。在这些模式中，相异的元素得以联结，相异的体验被赋予意义。

社会生活中的污染观念在两个层次上发挥作用，一个主要是工具性的，而另一个是表达性的。在第一个层次，即那个更加显而易见的层次上，我们发现人们都试图影响他人的行为。信仰增强了社会的压力：宇宙的全部能量都被调动起来以确保一个老人临终愿望的实现、一位母亲的尊严或者是弱者和天真者的权益。政

治权力通常不稳定，原始的统治者也不例外。因此我们发现统治
者的合法性主张背后有信仰的支撑，人们相信统治者本人，或他们
权力的标记或他们的话语会释放出非凡力量。与之相类似，社会
的理想秩序是由时刻威慑着冒犯者的危险意识守护着。人们相信
危险并用它们来强迫他人，也唯恐自己行为不当而招致危险。它
4 们是相互劝诫的狠话。在这一层面上，自然法则被调用，用来支持
道德准则：这种疾病由通奸导致，那种病的病因是乱伦；这种气象
灾害是政治背信的结果，那种灾害是不虔敬造成的。整个宇宙都
被人们用来相互制约，使之成为良民。因而我们发现人们奉行某
些道德价值，而另一些社会法则被信仰定义为危险的传染病，例如
通奸者的目光或接触会给他的邻居或者孩子带来病患。

要探究为什么污染信仰能够被应用于对某种地位的诉求和否认的对话中并不困难。但是当我们研究污染信仰时，我们发现被认为危险的接触类型同时也承载着一种象征意义。这是一个更加有趣的层次，在这里污染观念与社会生活联系起来了。我相信一些污染被用作类比来表达对社会秩序的总体看法。例如有一种观念认为接触异性的性液对两性来说都是危险的。而其他信仰则认为只有一种性别在与异性的接触时会处于危险之中，通常是男性之于女性，但有时候也正好相反。这种性危险的模式可被看作是在表达对称或层级的制度。把它们简单地解释成对真实的性别关系的表达是不可信的。我认为应该把对于性危险的观念更好地解释为社会不同部分关系的象征和层级制度或对称体系的反映。身体污染与性污染相类似。两性可以成为社会单元协作和独特性的模型。同样，摄取食物的过程也可以用来描绘政治吞并。有时，身

体上的孔洞可以代表社会单元的出入口，或者身体的完美可以象征一个理想的神权政治。

每种原始文化对其自身来说都是一个宇宙。依照弗朗茨·斯坦纳(Franze Steiner)在《禁忌》(*Taboo*)中的建议，我开始着手解释关于不洁的规则，把它们尽可能地置于任何特定宇宙的一切危 5
险的完整语境之中。在某人身上发生的一切灾难都应该按照其文化宇宙中的相关原则进行分类。言辞有些时候会引起灾难，有时会引发行动，有时则会改变物理状态。一些危险很大，而另一些又很小。直到我们了解原始宗教所认定的力量和危险时，我们方能开始对其进行比较研究。原始社会是处于其宇宙中心的充满能量的结构。能量从它的加强点释放出来，有兴旺的能量也有报复攻击的危险能量。但社会绝非存在于中性的没有任何负荷的真空之中。它受制于外界压力的影响。那些与它不一致的、不属于它以及不遵守它的法则的东西都是潜在的反对它的东西。在描述这些边界和边缘地带的压力时，我承认自己有时把社会描述得更加体系化，尽管事实并非如此。但恰恰是这种富于表现力的过度体系化对于解释尚待讨论的信仰来说是必要的。因为我相信关于分隔、净化、划分界限以及惩罚违规的观念的主要功能所赋予体系的只能是内在的零乱经验。只有通过夸大内在与外在、关于与从属于、男性与女性、赞同与反对之间的差异，才能模塑出整合的秩序表象。在这种意义上，我并不怕有人指责说我把社会结构描述得过于刚性。

但从另一种意义上来说，我并不想暗示充满种种传染蔓延观念的原始文化是僵化的、固定的和停滞的。没有人知道在无文字

的文化中关于洁净和不洁的观念已经流传多久:对于这些文化中的成员来说,这些观念肯定是永恒不变的。但是我们又有充分的理由相信人们对变化是十分敏感的。那些形成秩序的推动力既是秩序存在的原因,也在不断地修改和丰富它们。这一点非常重要。
6 因为当我主张对污秽的反应与其他针对含糊或异常的反应之间具有连续性时,我并非要变相地复兴19世纪关于恐惧的假设。关于传染的观念当然可以被追溯到人们对于异常的反应。但它们远不止像实验室里的白鼠那样,发现它熟识的迷宫里某个出口突然被堵上时,会表现得十分不安。它们也远不止像水族馆里的棘鱼发现与自己同类却反常的鱼那样仅限于烦躁。对异常的最初认知会导致焦虑,并由此产生抑制和逃避,这固然没有错。但人们紧接着就会寻找一个更具活力的组织原则以便使污染象征所揭示的复杂的宇宙恢复平衡。

任何一个文化中的本土成员自然都会认为自己是在消极地接受有关宇宙之中的力量与危险的观念,并且对自己通过一些小修正而做出的贡献视而不见。同样,我们以为自己一直以来都在消极地接受我们的母语,没想到在我们的一生中也不断地改变着它。人类学家也会陷入同样的圈套之中,如果他认为他所研究的文化是长久不变的确定价值模式。从这种意义上来说,我要着重否认的是,认为大量有关洁净与污染的观念暗示着一个僵化的思想观点以及社会制度。事实上,可能恰恰相反。

在一个很大程度上由传染和净化观念所组织起来的文化中,个体被一只铁手紧紧地把持,这只手就是那由规避和惩罚原则严密守卫着的思想分类。对于这样的一个人来说,要想让他的思想完全摆脱文化的束缚似乎是不可能的。那他又怎能掉转思路研究自己的思维过程，并找出其中的不足呢？而如果连这一点都做不到，他的宗教又怎能与世界上的伟大宗教相提并论呢？

但我们对原始宗教了解得越多，就越能发现在它们的象征结
构中存在着思考宗教与哲学神秘性的余地。对污秽的思考包含着 7
对有序与无序、存在与不存在、有形与无形，以及生与死这些问题
的反思。在污秽的观念被高度构建起来的任何地方，对它们的分
析都会涉及上述意义深远的问题。这就是为什么对于污秽规则的
理解是我们通往比较宗教的很好的入口。血与水、自然与恩典、自
由与必需之间的所有圣保罗式的对立命题，或旧约圣经中关于上
帝的观点，都可以从波利尼西亚人或中非人对相关问题的处理方
式中获取灵感并加以解释。

8

第一章　仪式性的不洁

我们关于污垢的观念由两个方面构成：讲究卫生和尊重传统。当然，随着我们知识状态的变化，我们关于卫生的规则也在发生着变化。“避免污垢”的传统观念可以看在友情的份上搁置不理。哈代(Thomas Hardy)笔下的农场工人们对一位牧羊人大加赞赏，因为他拒绝用干净的杯子喝苹果酒，他们将他称为“不讲究的好哥们”。

> “给羊把式拿个干净杯子！”卖麦芽的发号施令。
>
> “别，不用，”加百列说，口气虽是在责怪，却十分通情达理，“泥也有干净的时候嘞，我可一点也不在乎这个，只要我知道这是什么泥就行……干净杯子还得要人洗，我才不想给邻居添这个麻烦，该忙活的事儿已经够多的了。”

锡耶纳的圣加大利纳进一步发扬了这种精神：据说当她照料
9 病人的伤口而感到恶心时，她竟将自己痛骂了一顿。看来讲究卫生和行慈善不可兼得，于是她故意喝了一碗脓水。

无论是谨守还是违反，在我们的洁净规则中，污垢和神圣都没有任何联系。因此，原始人不区分神圣性和不洁净的做法对我们来说难以理解。

对我们来说，神圣的事物和场所不能沾染污秽。神圣与不洁是相互对立的两端。两者如同饥饿与饱腹或睡眠与清醒一样不容混淆。但我们却把不区分圣洁与不洁作为原始宗教的一个标志。如果这是事实，那它就揭示了我们自己与祖先之间以及我们与现在的土著人之间，有着一条深深的鸿沟。直到今天，人们显然还坚信这一点，并以这样或那样的神秘方式来加以传授。且看伊利亚德的这番话：

> 神圣事物的两可性不仅属于心理的秩序（引人入胜或使人厌恶），而且也属于价值的秩序；神圣既是神圣的，同时又是污秽的。
>
> （Eliade 1958，pp.14－15）

我们也可以使这一说法听上去不那么自相矛盾。它的意思是说：我们关于神圣的概念已经变得很特指，而在某些原始文化之中，神圣却是一个含义很广泛的概念，意义与禁忌相差不远。从这种意义上来说，世界可以分为两部分：受限制的事物和行动与不受限制的事物和行动。在这些限制中，有些是为了保障神圣不受亵渎，另外一些则是使世俗免受神圣的危险入侵。于是，神圣的法则只是要把神性与世俗隔开的法则，而不洁净与神圣接触则会产生双向的危险。于是，问题归结到语言学的范畴，通过改变词 10
汇，悖论就不再明显。对一些文化来说，这也许是真实的。（见Steiner，p.33）

举例子来说，拉丁语中 *sacer* 有“通过与神的联系而加以限制”的含义。在某些特定的情况下，它既可以指亵渎神圣，也可以指奉为圣洁。同样，希伯来语中 *k-d-sh*（这一词根通常被翻译成圣洁）的基础含义是“分离”（separation）。罗纳德·诺克斯（Ronald Knox）意识到将 *k-d-sh* 直接翻译成“圣洁”会产生问题，所以他的旧约译本将其译为“分别出来”。这样一来，那节非常著名的经句“你们要圣洁，因为我是圣洁的”在翻译的时候就逊色了不少：

> 我是把你们从埃及地领出来的耶和华，要做你们的神，所以你们要分别出来，因为我是分别出来的。
>
> （《利未记》第十一章第四十六节）

如果仅仅凭借重译就可以把整个事情做好，事情就简单多了。但是还有太多我们无法解决的例子。比如，在印度教中，“圣洁与污秽的概念可以同时在一个语言学的广义范畴之内”的想法是荒谬的。但是印度教关于不洁净的定义也向我们提供了解决问题的另一种办法。毕竟圣洁与污秽并不是在任何时候都处于绝对相反的两极。它们可以是相对的。也许与洁净联系起来的某物，与另外一类事物发生关系时，就会变为不洁净，反之亦然。关于污染的成语，似乎将自身带入了一个复杂的代数问题，在这一问题中，应当将不同的变量放在上下文中衡量。比如说，哈珀（Harper）教授指出，在那些住在麦索尔（Mysore）的马尔纳德（Malnad）地区的哈维克（Havik）人中，“尊敬”可以如此表达：

> 有些行为是常常会导致污染的，但是，有时人们却会故意
> 做出这些行为以显示我们的顺从与尊敬。有些行为在其他的
> 情况之下是有污染性的，但是个人做出这样的行为，却是为了
> 表示自己的弱势地位。比如说，在丈夫吃过饭后，妻子用他用 11
> 过的树叶来进食，就是显示妻子对丈夫顺从的仪式性行为……

更显而易见的例子是一个神女（*sadhu*）拜访一个村落时，要求人们对她待以极高的尊敬。为表现这种尊敬，用来为她洗脚的液体：

> 在人群中传递开来，装载它的是一个特殊的银色容器。这容器原本是专门为敬拜赞美所用的。然后每个人将一些液体倒在右手里，并当作 *tirtha*（圣水）喝下去，以此来表明她被赋予了神的地位，而不再是凡人……在关于尊敬-污染的行为之中，最令人吃惊也最常见的，是他们用母牛粪作为清洁剂。哈维克妇女每天都要将母牛作为圣物来崇拜，有时男人也举行这样的崇拜活动……母牛有时被称作神，据说有超过一千位的神在它体内轮流居住。一般的污秽要用水来洗净，程度较深的污秽则要用母牛粪掺水来清洗……母牛粪和其他动物的粪便一样，本来是污秽不堪的，甚至可以是导致污秽的——事实上，足可以亵渎神灵。但是与世俗的污秽相比，牛粪又是纯净的……母牛最不洁净的部分，甚至相对于一个婆罗门祭司来说，却洁净到足以用来洗净后者的过错。
>
> （Harper，pp.181－183）

很显然，我们面对的是一种象征性的语言。这种语言能够在很细微的程度上对事物加以区分。对洁净与污秽之间的关系的这种运用，并非与我们的语言毫不兼容，也不会引起令人特别迷惑的问题。与“对圣洁与污秽的概念感到困惑”十分不同的是，在这里存在的仅是秋毫之别。

12 伊利亚德关于原始宗教中“神圣的污染”与不洁净相混淆的说法，很显然并不适用于定义严密的婆罗门概念。那么它们的用意何在？除了人类学家以外，还有人真的把神圣与不洁净相混淆吗？此种观念从何而来呢？

弗雷泽(Frazer)似乎认为，圣洁与污秽混淆是原始思想的区别性标志。在一篇长文中，他考察了叙利亚人对猪的态度，并做出如下结论：

> 有人说这是因为猪是不洁的，也有人说这是因为猪是神圣的。从这里……我们可以看到模糊的宗教思想，这一思想在神圣和污秽之间还没有划定明确的界限。这两种情况都是虚幻的解决方案的混合，我们赋予这一解决方案一个名字：禁忌。
>
> [*The Spirits of the Corn and Wild*（《谷物与野草的精灵》)，Ⅱ，p.23]

在解释禁忌的含义时，他又一次阐述了同样的观点：

> 有关圣洁的禁忌与有关污秽的禁忌并无冲突，原因在于

> 野蛮人并不知道圣洁与污秽的界限。
>
> [*Taboo and Perils of the Soul*(《灵魂的禁忌与危险》),p.224]

弗雷泽有很多的长处,但从无创新性。这些引言与罗伯逊·史密斯(Robertson Smith)的观点完全一样,他确实也将《谷物与野草的精灵》这本书致献给了史密斯。早在20多年前,史密斯就使用了禁忌一词来形容"人类在任意支配自然的过程中受到的限制,又因为害怕受到超自然力量的惩罚而强化它。"(1889,p.142)这些由于恐惧而产生的禁忌,与对邪恶精灵的侵扰采取的预防性措施,对于原始人来说十分常见,也常常以"不洁净的规则"的形式出现:

> 处于禁忌中的人并不被认为是圣人,因为他通往圣洁的
> 通道被隔断,也不能跟他人接触。但根据野蛮人常见的说法, 13
> 他的行动或状况却是与超自然力的危险联系在一起的,是因
> 那些幽灵而引发的。那些令人畏惧的幽灵是应该避之唯恐不
> 及的,就像躲避传染病一样。在最野蛮的社会群体中,这两种
> 禁忌之间似乎没有界限。

根据这种观点,原始禁忌与原始圣洁的规则之间的主要差别,就在于那些神祇是友好的还是怀有敌意的。把圣洁的人和事与世俗的人和事区别开来,是宗教性秘密会社的常见行为,而这一行为基本上与由于惧怕邪恶精灵而做出的"分离"相一致。这两种情况下的核心思想都是分离,只不过动机不一样——实际上区别也不

是很大,因为在某些场合之下,友好的神祇也是人们所惧怕的。罗伯逊·史密斯补充道:“把神圣的与不洁净的区别开来,标志着从野蛮状态向前迈进了真正的一大步。”对于他的读者来说,这种说法并不会引起任何的争议与不满。因为他们将不洁净与圣洁分得很清楚,并且对于他们是进化过程的最终胜利者这一点确信无疑。但罗伯逊·史密斯所说的不仅仅是这些。他还要说原始的不洁规则关注的是一种行动的物质场合,并以此来评判该行动是好是坏。于是,接触尸体、流血或唾液便被视为可以传播危险的行为。相比之下,基督教中关于圣洁的规则却能超越物质场合,而用当事人的动机和意向作为判断的依据。

> ……无论从属灵宗教的立场甚或是高级异教立场上来看,不洁净的法则的非理性之处是如此之明显,以至于我们只能将其视为从早先的信仰形式和社会形式中存留下来的成分。
>
> [*The Religion of the Semites*(《闪米特人的宗教》),Note C,p.430]

14 这样一来,人们就找到了划分一个宗教是先进还是原始的依据。如果是原始的宗教,那么有关圣洁和污秽之间的界限就是模糊不清的。如果某一宗教为先进的,那么其中不洁净的法则必已消失不见。它转而与厨房、卫生间以及市政卫生设施相关,而与宗教再无关联了。人们越少地把不洁与物质状态相联系,就越标示着其在灵魂层面上的轻贱,就越能决定性地证明此种宗教可以被认为是先进的。

罗伯逊·史密斯首先是一位神学家和旧约圣经学者。由于神学是人类对于自身同上帝之间关系的思考，那么它必定涉及对人类本性的论断。在罗伯逊·史密斯的那个时代，人类学问题总是神学讨论中最前沿的话题。在19世纪后半叶，多半思想家同时也是业余的人类学家。从玛格丽特·霍德根(Margaret Hodgen)的《生存的法则》(*The Doctrine of Survivals*)一书中，我们可以明显看到这样的痕迹，这本书也为了解19世纪时人类学和神学之间令人迷惑的对话提供了必要的指南。在那个学科成形时期里，人类学还在教会讲坛与教区讲堂里有着深厚的根基，而主教们则用其发现来声讨各种文本。

根据他们对人类进步前景的展望，教会民族学者被划分为悲观主义者和乐观主义者两大派别。野蛮人群是否能够迈出前进的步伐？约翰·卫斯理(John Wesley)宣称：自然状态下的人，其本性是败坏的。他将野蛮的风俗习惯生动地描绘出来，让人看到没有得到拯救的人的败坏堕落的一面：

> 克里克人(Creeks)、切诺基人(Cherokees)、奇卡索人(Chickasaws)以及所有印第安人的自然宗教中，无一例外都有对囚犯整日整夜的折磨与苦刑，直到最后将他们烧烤至死……事实上，当一个儿子认为父亲活在世上的时间太长的时候，他会毫不犹豫将他的父亲的脑浆砸出来。这是十分常见的事情。
>
> [*Works*(《著作集》)，vol.5，p.402]

15 这里我不需要详细写出进步主义者(progressionist)和退化主义者(degenerationist)之间的论战,几十年以来这样的争论毫无结局地延续着,直到大主教瓦特里(Whately)以一种极端而流行的论调——人类的堕落——来对亚当·斯密(Adam Smith)以来的乐观主义经济学家进行反驳:

> "难道这种被遗弃的受造之物,"他这样问道,"也拥有任何高贵的成分吗?难道这种被遗弃的最野蛮的土著人,和最文明开化的欧洲人同属于一个物种吗?难道这些不知羞耻为何物的人们,单单凭借劳动分工,就能够'一步一步进入到文明世界的生活中去',如同这位经济学家所宣扬的一样吗?"
>
> (1855,pp.26-27)

如同霍德根所说,人们对于这一小册子的反应十分迅速而且激烈:

> 那些退化主义者,比如W.库克·泰勒(W.Cooke Taylor),撰写了大量的著述来证明他的观点,并积累了大量的证据,其中有一个阐述是大主教瓦特里颇感满意的……而那些18世纪乐观主义的支持者们则想尽办法来维护自己的观点。社会改革者的呼声不绝于耳,那些新近对"经济上受尽剥削者"满怀同情的善良的人们,在"社会进步无法阻止"的观点中找到了令人满意的解决方案,而这一观点的理解是与反对派观点所导致的结果的警觉联系在一起的……对此更为漠不关

> 心的，是研究人类心理和文化的学者，他们的个人兴趣与事业利益植根于以“发展”为基础的方法论。
>
> (pp.30－31)

最终有一人出现了，他通过引进科学的方式帮了进步主义者
的忙，使18世纪的余下几十年里的争议有了定论。他就是泰勒 16
(Henry Burnett Tylor①，1832—1917)。他发展出了一种理论，系统化地积累大量的证据，以证明文明最初是从那种与当代野蛮人相去不远的状态逐步发展进化而来的。

> 世界文明的发展遵循着一定的轨迹。有很多事实能帮助我们追溯出这些轨迹。我发现使用“残存”(survival)一词来表述这些事实十分方便。这些事例就是进程、习俗、意见等等，它们由习惯的力量带进了新的社会里……而且……就这样，成为了证据和例子，来证明新的文化是从旧有文化的状态发展出来的。(第16页)
>
> 我们可以看到，古代社会的严肃事务融入到了后代的精神之中，古代的严肃信仰则消磨成托儿所里讲的民间故事。(第17页)
>
> [*Primitive Culture*(《原始文化》)，*I*，7th *Edn*]

罗伯逊·史密斯曾用“残存”的概念来说明不洁的非理性规则

① 此处原文恐有误，应为Edward Burnett Tylor。——译者

存在至今的原因。在《物种起源》发表之后，泰勒的著作于 1873 年发表[①]。泰勒对于文化的见解与达尔文对有机物种的看法有相似之处。达尔文感兴趣的是在何种情况下会有新的有机体出现，以及适者生存之道，还有原始器官的残留，这些器官的存在能够使他找到重新构建进化过程的线索。然而泰勒仅仅对于那些无法适应环境而几近湮灭的文化遗存感兴趣。他对如何区分不同物种之间的区别，或者这些物种曾如何适应环境并无兴趣。他唯一的目的就是向人们显示人类文明的延续。

17 后来的罗伯逊·史密斯继承了当代文明人是长期进化过程的代表这一观点。他相信，我们现在所做的事情和我们所持守的信仰之中，有些成分与化石无异：是日常生活的石化附属品，没有实际意义。但是罗伯逊·史密斯对于死去的“残存”没有兴趣。他批评说，那些对于人类历史的发展并没有起到多大作用的习俗，是缺乏理性而且原始的，因而是无意义的。他认为，重要的任务就是拂去当今原始文化上的蒙尘，透过它们在当代社会的真实功能来展示生命延伸的线路，证明它们在进化阶梯上的位置。《闪米特人的宗教》一书出版的目的正在于此。原始迷信从一开始就与真正的宗教有区别，因此不值得多费思量。罗伯逊·史密斯提到迷信时，仅仅是就与其主要观点有联系的地方做了附带说明，因此只是他研究的副产品之一。从这个意义上来说，他与泰勒的研究重点恰恰相反：泰勒感兴趣的是离奇的古代遗物能为我们揭示什么样的过去，而罗伯逊·史密斯则对现代和原始社会共同的组成要素感兴

① 此处原文恐有误，泰勒的《原始文化》初版于 1871 年。——译者

趣。泰勒开创了民俗学，而罗伯逊·史密斯则开创了社会人类学。

另外一股伟大的时代思潮影响了罗伯逊·史密斯的职业兴趣，那就是无法在科学发展与基督教传统启示的冲突中达成调解的思想家们所遭遇的信仰危机。信仰与理性在当时看来似乎水火不相容，除非人们能够找到其他的宗教法则。于是，一群既无法接受启示宗教，又不能生活在没有先验信仰状况下的哲学家就着手开列这种药方。他们开始逐渐剔除基督教教义中关于启示的成分——这一过程今天仍在继续——而将道德准则提升到了真实宗教的核心位置上。下面我将引用里希特(Richter)的描述，以说明这场运动如何在牛津大学发起。在巴里奥学院(Balliol)，格林(T.
H.Green)试图将黑格尔的唯心主义哲学自然化，当作解决人们信 18
仰、道德以及政治问题的方法。乔埃特(Jowett)曾经在给弗洛伦斯·南丁格尔(Florence Nightingale)的信中写道：

> 需要为那些受到良好教育的人们做一些事情，就像约翰·卫斯理为穷人们所做的一样。

这正是格林要达到的目的：在受到良好教育的人们中间重新激活信仰，使之在智识的层面被人尊重，产生新的道德热情，进而重新塑造整个社会。他所讲授的东西获得了热烈的反响。尽管他的哲学思维极其复杂，理论基础又是各种令人头疼的形而上学观念，但其原理却很简单。甚至在汉弗雷·瓦尔德(Humphrey Ward)夫人的畅销小说《罗伯特·埃尔斯密尔》(*Robert Elsmere*，1888)中，也表达了同样的思想。

格林的历史哲学是一种关于道德进步过程的理论：上帝是不同时期里"更为伟大的道德完全体"在社会生活中的化身。下面引述的是他一次给平信徒讲道的内容——人的意识中的上帝：

> ……(上帝)作为道德能动体在人类社会中有着多重形态，而不是那个社会本身的构建原则。某种责任的存在及对其的认知、自我牺牲的精神、道德律及对道德律最抽象和最纯粹形式的敬畏，无疑都以社会的建构为前提，但这样的社会并不是欲望和恐惧的造物……在上帝的着意影响之下，植根于动物本性之中的需求与欲望会成为渴求发展的冲动，而这种冲动能建构、扩大并重塑社会。它永远会依据人类朝着尚未实现的最高理念(即上帝)而发展，以不同的形态显现，并将上帝的权威赋予习俗或法律——通过它们，一些与这理念相似的成分转化成人们的实际生活。
>
> (Richter，p.109)

19 因此，格林哲学的最终趋势是从启示转向道德，并将其神化为宗教的核心。罗伯逊·史密斯从来没有背离《启示录》，直到他生命的最后一刻，他仍然相信《旧约》是受神的默示写成的。布莱克(Black)和克里斯托(Chrystal)为他写的传记表明，尽管罗伯逊·史密斯有这种信仰，但他的思想却莫名地贴近牛津唯心论学派的宗教观。

1870 年，罗伯逊·史密斯担任了阿伯丁(Aberdeen)的自由教会希伯来文教席。他是历史批判(historical criticism)运动的先锋，这一运动先前已经促成了《圣经》学者的思想巨变。1860 年，乔埃特曾经在巴里奥学院遭受审查，因为他曾发表过《论对〈圣经〉的诠释》。在这篇文章中，乔埃特指出，对《圣经·旧约》进行诠释的方法应该与其他所有书籍一样。针对乔埃特的指控没有成立，他得以继续担任皇家特聘教授一职。但是，当罗伯逊·史密斯在 1875 年为《大不列颠百科全书》撰写“圣经”一文的时候，自由教会反对他这样的异端的呼声是如此之高，以至于他的职务被悬置，最终被解雇。如同格林一样，罗伯逊·史密斯也与德国思潮有着紧密的联系。但是，格林对基督教的“启示论”并不以之为然，而罗伯逊·史密斯却一直没有动摇过自己对“《圣经》是特殊和超自然之启示的记录”的信念。他不仅准备将自己的书与其他的书一同置于批评之下，而且从阿伯丁解职之后，他还远游叙利亚，并将资料详实的田野工作成果带入了他的诠释之中。根据对闪米特人生活的第一手研究资料和文档，他进行了一系列“巴内特讲座”(Burnett lectures)。第一部分的讲座内容被冠以“闪米特人的宗教”之名结集出版。

从他写作的方式，我们可以明确地发现这并不是与当时的人类所面临的真实问题相脱离的“象牙塔”式研究。理解遥远的阿拉伯部族的宗教信仰相当重要，因为它能让我们管窥到人类及其宗教经验的本质。他的讲座凸显两个主题。其一是外邦奇异的神话 20
故事和宇宙论理论与宗教瓜葛甚少。在这一问题上，他间接地驳斥了泰勒的理论，即原始宗教是从思辨行为中派生出来的。罗伯逊·史密斯说道，那些半夜躺在床上难以入眠并试图将《创世记》中的创造论细节与达尔文的进化论进行协调的人可以让自己松一

口气了。神话充其量只不过是更坚实信仰的额外花边而已。真实的信仰——即使是在最早期的时候——坚实地扎根于社区生活的道德价值之中。即使是最受到误导的那些临近以色列的原始部落,尽管充斥着魔鬼与神话之类的怪谈,也仍有着一些真实宗教的特征。

史密斯讲座的第二个主题是,以色列的宗教生活从根本上说比其周边任何一个部族更为道德。让我们先来对这个主题做一个快速的了解。1891 年,史密斯在阿伯丁举行了最后三场巴内特讲座。这三场讲座的内容都没有发表,已不为人知。这些讲座讨论的是闪米特人的宇宙起源论与《创世记》中的宇宙起源论明显的平行现象。史密斯认为所谓的迦勒底人(Chaldean)的宇宙起源论与闪米特人的平行性是夸大其辞,巴比伦神话传说则应归入野蛮民族的神话传说,与以色列的神话传说区别开来。同样,腓尼基人的传说虽然在表面上与《创世记》的故事有相似之处,但这些相似之处却能让人看出更为深层的灵魂差别以及意义差别。

> 腓尼基人的传说……处在完全异教的上帝观、人类观和世界观的包裹之下。这些传说中的道德动机几乎为零,所以没有哪个信徒会从这些传说上升到对神的属灵理解,或是对人的终极意义的高度理解……我并不觉得对(与希伯来人理念中的上帝)的这一对比进行解释是我的负担。相反,我倒觉得这应该是那些被虚假的"启示录哲学"所驱使之人的负担,他们试图在《旧约》中找出证据,证明它不过是闪米特宗教总
> 21 体倾向的最高点。我的研究不赞成这种观点。为数众多的希

伯来与异教在故事和仪式上的相似的细节并不能支持这种观点，反而是对其的驳斥，因为所有这些相似之处的具体论点只能使本质上的反差变得更加明显。

(Black & Chrystal，p.536)

以色列的邻近部落以及异教的闪米特人在宗教上处于无可否认的低下地位。这一点就论述至此。至于闪米特人的异教信仰基础则有两个特点：首先是详尽的魔鬼学（demonology）使人们心怀恐惧，其次是与社区神祇之间的友好而稳定的关系。魔鬼是以色列人摒弃的原始成分，而人与上帝之间稳定而道德的关系才是真宗教。

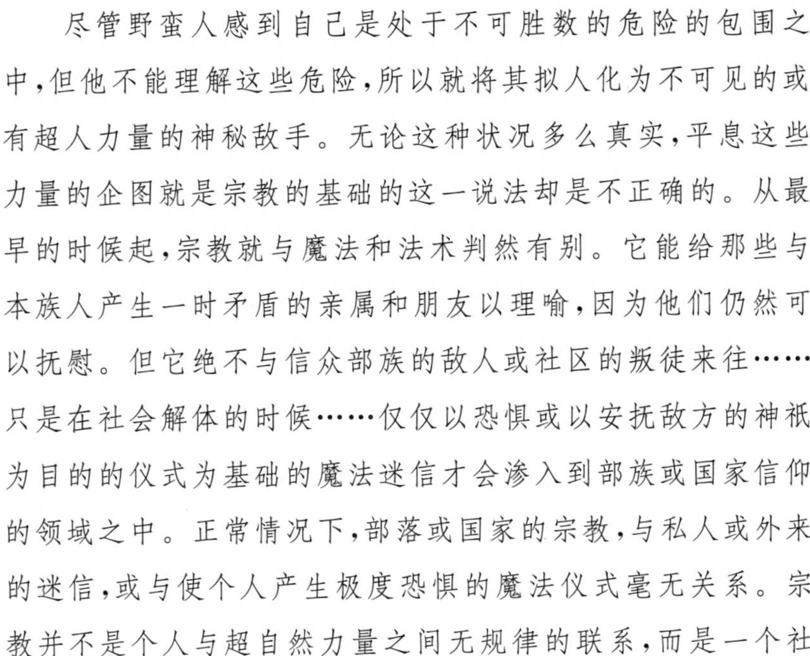

尽管野蛮人感到自己是处于不可胜数的危险的包围之中，但他不能理解这些危险，所以就将其拟人化为不可见的或有超人力量的神秘敌手。无论这种状况多么真实，平息这些力量的企图就是宗教的基础的这一说法却是不正确的。从最早的时候起，宗教就与魔法和法术判然有别。它能给那些与本族人产生一时矛盾的亲属和朋友以理喻，因为他们仍然可以抚慰。但它绝不与信众部族的敌人或社区的叛徒来往……只是在社会解体的时候……仅仅以恐惧或以安抚敌方的神祇为目的的仪式为基础的魔法迷信才会渗入到部族或国家信仰的领域之中。正常情况下，部落或国家的宗教，与私人或外来的迷信，或与使个人产生极度恐惧的魔法仪式毫无关系。宗教并不是个人与超自然力量之间无规律的联系，而是一个社区的所有成员与一种对社区心怀善意的力量之间的关系。

（《闪米特人的宗教》，第 55 页）

22 1890 年代，这一关于原始宗教与道德之关系的权威论证显然会得到热烈的肯定。它能顺利地将牛津大学的新道德理想主义与古老的启示联系在一起。我们可以清楚地看到，罗伯逊·史密斯自己也对这一从道德观点出发来考察宗教的做法完全赞同。他的观点与牛津的诸位高论者不谋而合，这一点很快得到了证明：他刚被解职阿伯丁的希伯来文教席，巴里奥学院马上就为他提供了一个教职。

他坚信无论科学研究如何深入，《旧约》天然的卓越性都能够压倒对它的种种挑战。因为他能够以无人匹敌的博学证明，所有的原始宗教都体现着社会的形态以及价值。不仅如此，既然以色列在宗教概念上具有的崇高道德无可置辩，而且它们还被历史的进程推进到了基督教的理想层次上，进而又将天主教的形态推进到新教，那么进化的过程就一清二楚了。因此，科学并不与基督徒的使命相敌对，而是与这一使命紧密地联系在一起的。

从此，人类学家就陷入了一个难以解决的问题。对于他们来说，魔法已经被定义为某种残余物和进化的术语。首先，它只是一个仪式，而不是对这个社区神祇的崇拜。其次，人们认为该仪式会自动产生影响。在某种意义上，魔法之于希伯来人，就像天主教之于新教徒，都是胡说八道、毫无意义的仪式。不讲理智地举行这些仪式，就是为了使之自给自足地产生效果，其中没有对上帝的内在体验。

罗伯逊·史密斯在自己的就职讲座上，将理智的加尔文教派与罗马天主教徒对《圣经》的魔法化处理方式进行了对比。后者给《圣经》注入了大量的迷信成分。在这场讲座上，他一语中的地论述道：

> 天主教会……从一开始就已经几乎抛弃了使徒时代的传 23
> 统。他们所建立的基督教这一理念，只不过是一系列程序，其中包含着抽象而且不可动摇的诸多原则，还有一系列知识性的赞许意见，以为根据这些就足以打造人们的生命。但这些人从来没有体验过与基督建立个人的关联……
>
> 《圣经》并不是像天主教徒所声称的那样，“是一个神圣的现象，每一个字都被魔法般地赋予了信念与知识的宝藏”。
>
> (Black & Chrystal，pp.126 - 127)

他的传记作者指出，史密斯将魔法与天主教联系在一起是一个狡黠的举措，目的是羞辱新教的那些死硬敌手，逼他们更有勇气地去对《圣经》进行智识上的研究。无论这个苏格兰人的动机是什么，历史事实仍然表明，比较宗教已经继承了古老的宗派主义争论，争论的内容就是形式化仪式的价值。现在应该做的是来展示一下，这种情绪化和有偏见的研究方法是如何将人类学带到了一种最为贫乏的前景之中的：狭隘的先入为主加上对仪式功能的信念。我将在第四章对此做更详细的阐释。罗伯逊·史密斯意识到，在基督教的历史中始终存在着一种将仪式纯粹形式化和工具化的倾向。这是完全正确的。但他的进化论假设两次误导了他。

首先，施行魔法，就仪式自动产生效果这一方面而言，并不是原始的标识，虽然史密斯试图以使徒们的信仰与晚期天主教的区别加以说明。其次，高度道德化的内容也不是进化了的宗教的特权。我希望在下面的章节中对此加以阐明。

涂尔干和弗雷泽都引用过罗伯逊·史密斯的著作，他们所代表的两个流派均深受其影响。涂尔干抓住了他的关键议题，将比较宗教带入了颇有成果的主线之中。弗雷泽则拾起了比较不重要的主题，将比较宗教带进了死胡同。

24 涂尔干在《宗教生活的基本形式》(*The Elementary Forms of the Religious Life*)(第 61 页)一书中，承认自己的观点有赖于罗伯逊·史密斯而发展。他的整本书都是在阐述这个原创性的观点，即原始时期的神祇是社区生活的一个组成部分。这些神祇的形式准确地表现了社区结构的细节，而神祇进行奖惩的力量正是代表着社区。在原始生活中：

> 宗教是由一系列行为与规则组成的，正确的行为和遵循规则是必要的或应当的，这样才能够获得神祇的欢心或是消除他们的怒气。在遵循规则的时候，社区的每一个成员都要参与其中，履行一定的任务，而这一任务是由他出生的家庭或社区来决定的，或者是由他在家庭中的地位和他所进入的社区来决定的……宗教并不是为了拯救灵魂而产生的，而是为了社会的福利能够得以延续而产生的……一个人的出生就意味着他与他的同伴产生了一定的关系，还有他的宗教：这是他的行为的一个组成部分，是由与神祇的关系所决定的。他的

> 宗教只不过是他作为一个社会成员被赋予的众多行为准则的一个方面……古代的宗教只不过是社会秩序的整体之中的一个组成部分，而这一社会秩序把神祇与人都包含在内。

这就是罗伯逊·史密斯的观点（第 29—33 页）。但略微改变一下文体和时态，我们大可认为这是涂尔干的话。

我发现，要是将涂尔干理解为从一开始就在与英格兰人论争，那么将大有助益。这正是塔尔科特·帕森斯所指出的（Parsons 1960）。涂尔干关注的，是一个关于社会整合的特殊问题，主要是为了解决英格兰的政治哲学，尤其是赫伯特·斯宾塞（Herbert Spencer）所代表的政治哲学的缺陷。他不赞成功利主义理论的看法，即个人的心理状况是社会发展的原因。涂尔干想要说明的是，如果要正确地理解社会的本质的话，还有其他一些事是必要的，那就是共同维护一套共有的价值体系以及集体意识（collective con- 25
science）。与此同时，另一个法国人古斯塔夫·勒庞（Gustav le Bon）同样也在致力于纠正人们普遍认同的边沁传统。他发展了“群体心理”（crowd psychology）的理论，以此展开他自己的论证。涂尔干也常常引用这一观点。我们不妨比较一下涂尔干对图腾仪式的情感力量的论述（第 241 页）与勒庞对容易受到暗示影响的、情感上野蛮的或是英雄主义的“群体心态”的论述。涂尔干的目的是证明英格兰人的错误，但要达到这一目的，他的最好手段就是采用另一个英格兰人的著作。

涂尔干完全采纳了罗伯逊·史密斯对原始宗教的定义，将其视为能表达社区价值观的既成教会。在仪式并非社区神祇崇拜的

组成部分这一点上，他的态度也与罗伯逊·史密斯高度一致。他采用罗伯逊·史密斯的说法，将魔法和魔法师定义为不在教会范围内的信仰、行为和个人。这些人在教会共同体之外展开活动，并与教会为敌。涂尔干追随了罗伯逊·史密斯，可能也追随了弗雷泽。涂尔干在1912年出版《宗教生活的基本形式》一书时，弗雷泽《金枝》(*Golden Bough*)的最初几卷早已面世。涂尔干认为，魔法仪式是原始卫生学的一种形式。

> 魔法师提议分开放置的那些事物，实际上如果放置在一起或混合的话，是不可能不发生危险的。这是由于它们本身的属性的缘故……那些行之有效的警句，正是卫生学和医药禁令的最初形式。
>
> （第338页）

这样一来，污染与真正的宗教之间的区别就得到了确认。不
26 洁净的规则不在他的主要兴趣之中。与罗伯逊·史密斯一样，他再没有对这些问题投入更多的注意力。

但一个学者对其研究主题的任何主观限制都会使他陷入困境。当涂尔干将一个类别的“分离”贴上“原始卫生”的标签放在一边，又将另外一个类别的“分离”贴上“原始宗教”的标签放在另一边的时候，他实际上破坏了他自己为宗教下的定义。在最初的几章之中，他概括并推翻了不少对宗教的定义。那些试图用神秘与敬畏的理念定义宗教的做法，他一概置之不理。泰勒所做“宗教就是对灵界存在的信仰”的定义，也被他拒之门外。他继续自己的论证，采用了两个他认为能够偶合的准则：第一个，正如我们已经看到的，就是人们为社区崇拜而结成的共同体组织；第二个就是将神圣之物与世俗之物截然分离。神圣之物就是社区的崇拜对象。我们根据神圣之物在本质上具有传染性这一特点可以把它们辨别出来。

涂尔干坚持神圣领域与世俗领域必须彻底分离，而世俗与宗教的行为也应该彻底分离。在这一点上，他没有追随罗伯逊·史密斯的脚步。这是因为罗伯逊·史密斯持有全然相反的观点，并且坚持认为(第 29 页及以下诸页)“宗教的范畴与日常生活的范畴之间的彻底分离是不可能存在的”。在涂尔干的社会整合(social integration)理论中，神圣与世俗之间的完全对立似乎是一个必要的步骤。它所表达的是个体与社会之间的对立。社会意识从社会的个体成员“之外”和“之上”投射到某种异类的、外在的而又强有力的事物上面。于是，我们发现涂尔干所坚持的分离法则是神圣之物的区分标记，它与世俗之物截然相反。然后，他继续自己的论述，并提出了这样一个问题：为什么神圣之物又是会造成传染的。他对这一问题的回答参考了宗教实体的虚构和抽象的本质。它们只不过是由社会经验所唤醒的理念，只不过是投射到外面的集体性理念，只不过是对道德的表述。也就是说，它们没有固定可靠的参照点。甚至神祇的偶像也只不过是社会进程所产生的非物质化 27
力量的物质化象征。所以，它们在终极意义上是无根的、流动的、易变的，很容易丧失焦点而流入其他经验之中。它们的本性就是始终处于失去自己的显著特征和必要特点的危险之中。神圣之物持续地需要采用禁止性措施来对其进行保护。神圣之物必须要被

当成传染之物来对待，因为与它的关联就必须要以分离和划界的仪式以及相信进入禁区会遭遇危险的理念来表达。

这种方法有一个小小的问题。如果神圣之物的特点就是具有传染性，它又如何与不神圣但也有传染性的魔法相区分呢？此外，不是从社会进程之中产生出来的其他类型的传染性，又当如何看待呢？为什么对魔法的信仰被称之为原始卫生，而不是原始宗教？涂尔干对这些问题并不关心。他附和罗伯逊·史密斯的观点，将魔法与道德和宗教一刀两断，从而留给我们一大堆关于魔法的混乱观点。从此之后，学者们一直在绞尽脑汁，想为魔法信仰做出一个令人满意的定义，然后又对魔法信仰者的心态困惑不已。

现在，我们很容易看到，涂尔干所提倡的社会共同体观点在整体上说是过于单一化了。我们应该首先承认共同生活是一种比他所阐述的那种情况更加复杂的经历。然后，我们会发现，涂尔干关于“仪式是社会进程的象征”的观点能够加以扩展，将宗教和魔法这两种对污染的信仰都包括进去。如果当初能够预见在这样一种分析仪式的方式之下，他所称之为卫生的规则没有一个不是被赋予了社会象征意义，他想来定会欣然放弃魔法的那个分类。在下文，我还会回过头来对这一主题进行讨论。但在此之前，我们还必须先将另一个也是从罗伯逊·史密斯那里衍生出来的预设体系解决掉，否则我们的主题就无法展开。

28 弗雷泽对罗伯逊·史密斯的著作在社会学上的隐含意义并不感兴趣。事实上，他似乎对其主题也没有兴趣。与此相反，他对那些从真正宗教的定义中被随意摒弃出去的魔法残余却表现出了极大的关注。他提出，我们可以从对魔法的信仰之中找到一些规律的现象，而且这些现象可以被归类。在仔细考察之后，魔法展现在人们面前的内容比仅仅是避免含混感染的规则更加丰富。有一些魔法行使的目的是获得益处，而另一些是为了避免伤害。被罗伯逊·史密斯标为迷信的那些行为领域不仅仅是不洁的规则。但污染似乎总是其主导规则之一。另外一个主导规则是相信通过触染或相似能够将属性转移。根据所谓的魔法法则，魔法师可以通过模仿行为或是允许带有污染性的力量发生作用的方法来将事件加以改变。当弗雷泽完成对魔法的研究之时，他实际上只是将在何种条件下，一件事物可以象征另一件事物做了一个说明。如果他不是深信野蛮人的思维方式完全不同于我们，他可能就会满足于将魔法作为不折不扣的有象征意义的行为来看待。这样的话，他可能会与涂尔干和法国社会学学派携起手来。对于19世纪的英格兰思潮来说，英吉利海峡两岸的对话就会变得更加富有成果。但他却生硬地将罗伯逊·史密斯著作中没有明言的进化论假说做了一次大清理，给人类文化套上了三个发展阶段的理论。

在这个三阶段理论中，魔法是第一个阶段，宗教是第二个阶段，科学则是第三个阶段。他的论证是以黑格尔式的辩证法进行的，因为魔法是被归到原始科学一类的，而由于它自身的缺陷，才被宗教——它的形式是教士和政治上的欺骗——所替代。从魔法这一正题(thesis)之中，衍生出了它的反题(anti-thesis)宗教，而合题(synthesis)即当代行之有效的科学，后者终将取代魔法和宗教。但是，这一时髦的理论表达却没有任何的证据支持。弗雷泽的进
化图谱的根据，只不过是从他所处的时期的普遍言论之中取出的 29
一些无人质疑的假设。其中一个假设就是道德素养乃是发达文明

的标志。还有一个假设是魔法与道德或宗教毫无关系。在这个基础之上，他描绘了我们的远古祖先的形象：魔法主导着他们的思维。对于他们来说，宇宙由不具备人格的、机械的原理所推动。他们试图去摸索一个能够掌控这一原理的正确程式。在此过程中，他们碰到了一些行之有效的原则，但是他们模糊的心智状态常常会使他们认为语言和符号能够作为工具来使用。早期的人类无法分辨自己的主观联系和外在的客观现实之间的区别，这就导致了魔法的产生。它的起源是基于一个错误。毫无疑问，野蛮人是轻信的傻瓜。

> 这样，在很多地方举行的仪式——其目的是加快冬天离开的脚步，或将飞逝的夏天暂时留住——在某种意义上是一个重新创造世界的企图，来“重新铸造这个世界，使它离心中所愿的情况更近一些”。但是，如果我们将自己的观点调整到旧日圣贤的样子(他们所提出的方法是如此的薄弱，而他们想要达到的目标却是如此的巨大)，我们必须将自己从“宇宙巨大而浩渺，人类身处其中，微不足道且毫不重要”的现代理念之中抽身出来……对于野蛮人来说，山峦坐落在眼所能见的地平线上，海洋向更远处铺展开来，与山峦汇合：这就是世界的终点了。他的脚从来没有在这个狭窄的界限之外漫步过……他甚至很少去思考未来，而对于过去，他所知道的只不过是自己的蒙昧前辈口传下来的那些东西。去设想一个限制在时间和空间之内的世界，而该世界出于一位像他自己一样的存在者的努力或指令，这对他的轻信并不会起到什么限制的

> 作用；他可能会毫不费力地想象，靠他自己的魔力和符咒就能年复一年地重复创世的工作。
>
> （《谷物与野草的精灵》，Ⅱ，第 109 页）

我们很难原谅弗雷泽的这种自鸣得意和对原始社会毫不掩饰 30
的轻蔑。《禁忌和灵魂的危险》（*Taboo and the Perils of the Soul*）最后一章的题目是"原始人对我们的贡献"。这可能是因为与他通信的人敦促他意识到，他们所知的原始文化之中有着极其深邃的智慧以及哲理，弗雷泽才增补了这一章。弗雷泽从这些信件中抽出了一些十分有趣的片段，放在了脚注里，他不能为了把它们放在正文里而调整自己先前的判断。这一章的主旨是向蒙昧人的哲学致谢，但弗雷泽没有任何理由去尊重那些被自己阐释为孩童般幼稚、没有理性和迷信的理念，所以所谓的感谢只不过是口舌之惠。对于那些不学无术的资助者来说，下面这段话很难辩驳：

> 虽然所有能说的话都已经说了，所有能做的事都已经做了，但是我们与野蛮人之间的相似之处还是远远多于不同之处……不管怎么说，我们所称之为真理的东西，只不过是一个最为管用的假设。所以，在回顾更加野蛮的时代和种族的理念与实践的时候，我们应当做得更好，在看待他们错误的时候应该心怀更多宽容，把它们看作是在寻找真理的过程中难以避免的失误……

弗雷泽也遭到了一些批评，而且这些批评在当时还引起了一定的注意。但是在英格兰，弗雷泽毫无疑问地大获全胜了。因为《金枝》的缩简本不是仍然在带来源源不断的收入吗？弗雷泽纪念讲座不是还在定期地举行吗？这一部分是因为他的观点十分简明，还有一部分是因为其超人的精力产生出了一卷又一卷书，但最重要的是其华丽的笔调。这种风格使他的著作广为流传。在几乎所有的针对古代文明的研究中，你都能够发现它们不断在引用弗雷泽关于原始性（primitiveness）及其准则、魔法式的非道德性迷信等的论述。

以卡西尔（Cassirer）为例，他写了关于拜火教（Zoroastrianism）的著作，并从《金枝》一书之中发现了这些主题：

31 甚至大自然都获得了一个新的形态，因为它完全是从反映道德生活的镜子之中来看的。自然……被理解成为法律和合法性的范畴。在琐罗亚斯德的拜火教之中，自然是以“阿沙”（*Asha*）这一概念来描述的。“阿沙”是自然的智慧，它反射着其创造者——阿胡拉·马兹达（Ahura Mazda）作为“睿智之主”——的智慧。这一普遍、永恒、不可违犯的秩序统管着这个世界，并决定着所有的独立事件：太阳、月亮、星星升落的轨迹，还有风和云流转的路程。所有这一切都不是仅仅由物理的力量来维持和保守的，而是靠“良善”的力量……道德的意义已经代替和超越了魔法的意义。

（1944，第 100 页）

阐述同样主题的还有更晚近的学者。我们发现，泽纳（Zaehner)教授沮丧地注意到，缺陷最少的拜火教文本也仅仅关注纯净的规则，因而没什么意思。

> ……仅仅在《万迪达德》(*Vidēvdāt*)[①]这一卷经文里——其中关于仪式的洁净的规定十分沉闷乏味，对可笑的罪过所罗列出的惩罚根本无法履行——翻译者才能够对文本有一个差强人意的把握。
>
> （第 25—26 页）

罗伯逊·史密斯对这类规则的看法，肯定就是这个样子的。但是一百多年过去了，我们是不是还能充满信心地说，关于这些事物，该说的都已经说完了？

在针对《旧约》的研究之中，有一种假设十分常见：就是认为原始居民是以魔法的方式来举行仪式，采用的是某种机械化、工具化的方式。“在以色列历史的早期，对于上帝来说，我们所称之为有意识的罪和无意识的罪二者之间的区分是几乎不存在的。”(Osterly & Box)“对于公元前 5 世纪的希伯来人来说，”詹姆斯(James)教授这样写道，“赎罪只不过是一个机械的过程而已，它
所包括的就是清除物质上的不洁净。”(1938)以色列人的历史有时 32
被表现为先知与民众之间的争执：先知要求与上帝建立内在的联系，而民众总是倾向于倒退到原始魔法的状态上去，尤其是当他们

① 《万迪达德》，又称 *Vendidad*，是祆教典籍《阿维斯塔》的一部分，主要为祆教的法规和戒律。——译者

与其他更加原始的文化进行接触的时候，情况更是如此。最有讽刺意味的是，魔法看上去最终居然胜过了祭司法则的总汇编。如果无论表现形式早晚，只要仪式有足够功效就能被称为魔法(magic)，那魔法作为衡量原始性标志的作用就会丧失。人们甚至会期待魔法这个词终将从《旧约》研究中删除。但它却徘徊不去，仍然用“禁忌”(*Tabu*)和“玛纳”(*mana*)这些词来强调以色列人宗教体验的独特性，及其与闪米特异教的反差。爱希洛特(Eichrodt)使用这些术语尤为得心应手(第438、453页)。

> 我们已经提到过巴比伦仪式和赎罪的模式所具有的“魔法效果”。当我们记起自己的过错进行忏悔时，实际上也构成了驱邪仪式的一部分，具有“因功生效”[1]的效果。我们对魔法效果的认识就会更加清楚。
>
> (第166页)

他接着引用《诗篇》第四十、第七、第六十九和第三十一篇，并加以说明：“献祭体系倾向于将恕罪当作机械性的过程。而这些诗篇正是对这一倾向的反驳。”还有，在第119页，他提出了一个假设：原始宗教的概念是“唯物”的。这本著作本应是令人印象深刻的。它的大部分内容基于一个假设：以“因功生效”的方式发挥作用的仪式比起那些象征内心状态的仪式要更原始和古老。但

① “因功生效”(*ex opera operato*)是神学词汇，意指仪式的客观效力，与“因人生效”(*ex opere operantis*)相对。——译者

是，在偶尔的情况下，这一未经验证的假设性质使作者感到不安：

> 在所有表达“赎罪”的词汇之中，*kipper* 是最为常用的。33
> 如果根据同时期巴比伦和亚述的情况来看，*kipper* 最原始的意义可以被定义为“清除”的话，那么这个词也是指向同一个方向。在这里，“罪”的基本概念是物质上的不纯净，而在人们看来，血液作为一种被赋予了奇迹力量的神圣物质，是能够自动地除去罪愆玷污的。

然后就是一段阐述，如果认真对待的话，这段话的大部分需要重写：

> 但是，既然这一词汇的来源是基于阿拉伯语，而且用“覆盖”作为它的含义也是同样行得通的，那么它很可能就是指“一部分以修复的方式，在被冒犯的人的面前将自己的过失覆盖”。比较而言，这种修复的做法强调了赎罪行为的个人化特点。
>
> （第 162 页）

看来，爱希洛特对巴比伦人还是比较宽大——也许他们也知道一些关于“真正的内心信仰”之类的东西；也许以色列人的宗教体验并没有以完全与众不同的形式在周围的异教魔法当中鹤立鸡群。

我们发现，对希腊文学的诠释也被同样一些假设所支配。芬利(Finley)教授在探讨荷马时期的社会生活和宗教信仰的时候，使用了一个道德测验来区分早期与晚期的信仰成分(第 147、151、157 页)。

还有，一位博学的法国古典主义者穆里尼尔(Moulinier)对希腊思潮之中的纯洁与不纯洁的理念进行了全面的研究。他没有受罗伯逊·史密斯的偏见的影响。就当代人类学的标准来说，他的研究方法看上去是相当纯粹的经验主义。他认为，在荷马所描述的那段时期之中(如果确实曾经存在过这段历史时期的话)，希腊人的思潮似乎没有受到仪式性污染的影响。诸多关于污染的概念
34 是后来才出现的，并由古典戏剧作家表现出来。这位人类学家虽然在古典学术上造诣不高，却四处寻找相关的专家见解来考察荷马其人有多大的可信度。他用的材料极具挑战性，而且(对外行来说)极具说服力。但一个英国评论家在《希腊研究期刊》上对这一著作进行了全方位的攻讦。他发现这本书缺乏19世纪的人类学知识。

> ……作者没有任何必要地将自己陷入了难堪的境地。看上去他似乎对浩如烟海的比较资料毫不知晓，而任何一个研究洁净、污染和净化的人都可以毫不费力地找到这些资料……即使是最为微薄的人类学知识也足以让他知道，像“流血的污染”这样的概念是如此之古老，它所属的时代是“社区即世界”的远古……在第277页，他使用了“禁忌”一词，却仅仅达到了这样一个效果：让人们发现他根本不知道这个词是什么意思。
>
> (Rose，1954)

然而，一位没有受到人类学知识之怀疑精神所累的评论家华牟(Whatmough)却毫无保留地称赞了穆里尼尔的著作。

这些零散的引文是很随机地收取的，还能够很容易地扩充。

它们能够表明弗雷泽的影响是多么广泛。在人类学的圈子里，他的著作也同样有着深远的影响。记得弗雷泽曾经说过：比较宗教中的有趣的问题，都与对魔法功用的错误信仰密不可分。英国人类学家一直顺从地膜拜这个令人迷惑的问题，尽管他们早已摒弃了弗雷泽使之充满趣味的那个进化论假设。所以我们仍然在拜读这位大师关于魔法与科学之间关系的学术阐释，尽管它们在理论上的重要性模糊不清。

总而言之，弗雷泽的影响是十分负面的。他引用的是罗伯逊·史密斯最为站不住脚的说法，而且还使宗教与魔法之间并不 35
高明的划分流传下去。他散布了一个错误的假设，即在原始人看来，宇宙是由机械象征来操纵的。他还散布了另外一个错误的假设，即原始宗教不知道道德为何物。在下面进一步探究“仪式性的污秽”这一话题之前，这些假设先要予以更正。比较宗教学中疑团密布，因为人类的经历被错误地分割开来。在本书中，我们尝试把分散了的片段重新连接在一起。

首先，如果我们局限于只考察对灵性存在的信仰，那么无论公式如何精细，我们都不可能真正理解宗教。在别的研究场景里，我们或许应当列出所有现存的对其他存在的信仰：僵尸崇拜、祖先崇拜、魔鬼崇拜、神仙崇拜——不可胜数。但是，正如罗伯逊·史密斯所指出的，我们即使把宇宙中所有的灵界生物做一次全面的统计和登录，也难以抓住宗教的本质。与其在定义上删补琢磨，不如试着去将不同民族关于“人类的命运”和“在宇宙中的地位”的众多观点做一个比较。其次，我们只有先正视自己关于污染、神圣或世俗的观念，才能期望去理解其他民族的相关观念。

36 # 第二章　世俗的污秽

比较宗教学一直以来被医学唯物主义所困扰。一些人认为，即使是最奇特的古代仪式也具有卫生学基础。另有一些人尽管承认原始仪式的目标对象是卫生学，却对其可靠性持相反的态度。在他们看来，有一个巨大的深渊将我们对于卫生的可靠的观念与原始人错误的想象分隔开来。但是这两种研究仪式的医学角度都是不成功的，因为它们均未能直面我们自己关于卫生与污秽的观念。

第一种研究进路暗示，只要我们了解了所有的情况就能够充分合理地解释原始仪式。作为一种解释，这种思维线索故意把事情说得很乏味。熏香的重要性不在于它缕缕上升的轻烟在献祭中的象征意义，而在于它能够使那些久未沐浴的人的体味变得让人可以忍受。犹太人和伊斯兰人不食用猪肉则被解释成是因为在炎热的天气中吃猪肉是十分危险的事情。

确实，对传染病的回避和仪式上的规避之间可能存在一种不
37 可思议的对应。清洗与隔离除了实际的目的之外，同时也具有表达宗教主题的倾向。因而有人认为，饭前清洗的规矩使犹太人得以远离瘟疫。然而，指出仪式活动的附带益处是一码事，而满足于以此副产品作为完满的解释又是另一码事。即便摩西关于食物的一些规定在卫生学上是有益的，把他看作公共卫生的管理者而非

精神领袖也是令人遗憾的。

这里我要引用1841年人们对摩西饮食规定的一种解释：

> 我们有可能在健康和卫生学领域发现决定这一章律法的最主要的原则……在现代病理学中占有重要地位的寄生和传染性疾病看来也是摩西所关注的，因此统领着他全部的卫生规则。他从希伯来饮食中剔除了易被寄生的动物；并且由于传染性疾病的微生物和孢子是在血液中循环的，他下令在烹煮前必须沥干血液……
>
> (Kellog，1841)

作者继续引用证据，说欧洲的犹太人寿命更长且免于瘟疫，归因于犹太人的饮食限制。当提及寄生虫时，凯洛格显然没有考虑到旋毛虫(trichiniasis)，因为这种寄生虫直到1828年方被发现，并且在1860年以前一直被认为是对人体无害的(Hegner，Root & Augustine，1924，p.439)。

近期的类似观点见阿如斯博士(Dr.Ajouse)记述的古尼日利亚习俗的医学价值(1957)。例如约鲁巴人(Yoruba)的天花神祭仪要求隔离病人，只允许曾经得过天花并且痊愈因而获得免疫能 38
力的神职人员照顾病人。除此以外，约鲁巴人用左手接触一切不洁的东西：

> ……因为右手是用来吃饭的，人们意识到不坚持这种区分会导致食物污染。

拉格朗日神父(Father Lagrange)也赞成这个观点：

> 我们并不否认不洁具有某种宗教特性，或者至少具有虚假的超自然的特点。但是，归根结底，保持卫生的措施是不是另一码事呢？难道水在这里不是取代了消毒剂吗？而那令人恐惧的精灵难道不也在贡献着自己的力量吗？它恰恰具有微生物的特性。
>
> （第 155 页）

古代以色列人的传统中确实有可能包含了这样的知识，即猪肉对人而言是危险的。任何事情都是有可能的。但需要注意的是，这并不是《利未记》中所给出的禁食猪肉的原因，并且很明显这个传统即便存在过，如今也已丢失。对迈蒙尼德(Maimonides)这位医学唯物主义的 12 世纪的伟大先驱来说，尽管他能够为摩西律法中的其他饮食约束找到卫生学上的解释，却不得不承认自己无法解释禁食猪肉的原因，继而不得不基于家猪那令人生厌的食性而转回到美学的探索中去：

> 我认为律法所禁止的食物都是不健康的。除猪肉和脂肪以外，所有被禁食物都具有有害的特点。但即便猪肉这样的案例也
> 39 不难解释：因为猪肉（作为人类的食物）含有多余的水分，以及过多不必要的物质。律法禁止人们食用猪肉的一个最主要的原因是猪生活的环境以及它们的食物都是肮脏而令人厌恶的……
>
> （第 370 页及以下诸页）

这至少表明关于禁食猪肉的原始依据尽管曾经为人们所认识，却并没有同其他文化遗产一同流传下来。

药理学家对《利未记》第六章的研究仍然锲而不舍。举一个例子，我引用优斯林·理查德(Jocelyne Richard)小姐提供给我的大卫·I.马赫特(David I.Macht)的报告。马赫特对猪、狗、野兔、兔子(在实验中可以替代豚鼠)和骆驼，以及猛禽和无鳞无鳍的鱼类做肌肉提取试验。他检验提取物中是否存在有毒的液体，并且发现它们确有毒性。他又对《利未记》中提到的洁净动物做了肌肉提取，结果发现这些动物的毒性比前面提到的动物要小，但是他仍旧认为自己的实验并不能就此证明摩西律法的医用价值。

另一个有关医学唯物主义的例子参见克莱默(Kramer)教授的论述，他盛赞尼普尔(Nippur)的苏美尔石板为迄今发现的公元前3世纪唯一的医学文本。

> 尽管是间接的，但这份文本的确表明当时的人类已经掌握了相当精巧的医学手术程序。例如，若干处方指示要在将草药磨成粉末状之前将其“净化”，这一步骤需要一系列的化学操作。

十分确定的是，这里提到的净化绝非洒圣水或者是念诵符咒[①]，他激动地继续写道：

① 为使译文中用词的微妙区别更贴近原文，本书将incantation统一译作符咒，spell译作咒语，charm译作魔力。——译者

> 书写此石板的苏美尔医师们并没有诉诸任何巫术符咒和咒语……那个令人惊奇的事实存在于我们的泥制文档中，那迄
> 40 今为止最古老的医学文本完全没有任何神秘和无理性的因素。
>
> （1956，第 58—59 页）

这些都是医学唯物主义，威廉·詹姆斯（William James）创制了这个术语，用来说明宗教经验：例如用药物或消化不良来解释某种幻象或梦境。如果这种途径不把其他的解释排除在外，我们对它也没有反对意见。大多数的原始人在广义上来讲都是医学唯物主义者，因为他们试图从疼痛和痛苦的角度证明他们仪式行为的合理性——如果不遵守一定的仪式就会受疼痛和痛苦的烦扰。在后面，我会说明为什么人们相信一旦仪式规则被打破就会招致某种危险，而这种信念又经常会被用来支持仪式规则。我想当我们结束有关仪式危险的内容时，就不会有人再试图仅从字面上来理解这种信仰的价值了。

至于一个相反的观点，即原始仪式与我们的洁净观念毫不相关，我认为这种观点对于我们理解仪式同样有害。这种观点认为我们的洗涤、擦拭、隔离和消毒只是在表面上与仪式中的清洁相类似。我们的实践稳固地建基于卫生学之上，而仪式中的清洁则是象征性的：我们消灭细菌而他们则避开精灵。这个对比听上去直截了当。然而，我们的卫生学和他们的象征性仪式在某些时候却是惊人地接近。例如，哈珀教授总结了哈维克婆罗门（Havik Brahmin）污染规则显而易见的宗教背景。他们认可三种宗教洁净程度：最上一层是执行崇拜仪式所必需的；中等程度被认为是正

常的状态；而最下一层是不洁的。上层的人如果和中层的人接触就会变得不洁，与处于不洁状态中的任何人接触会使上层和中层的人都变得不洁。最洁状态只有通过某种沐浴仪式才能达到。

> 对婆罗门来说，每天的沐浴绝对重要，否则他就不能对他 41
> 的神进行每日所必需的敬拜。哈维克人说理想上他们应当每天沐浴三次，每餐之前沐浴一次，然而很少有人能够做到这一点。在实践中我所知道的严格遵守每日沐浴一次规定的哈维克人都是在一天之中的主餐和拜祭家神之前沐浴的……哈维克人中的男性属于相对较为富裕的种姓，他们在某些季节中有大量的空闲时间。尽管如此，他们还是要做很多工作来经营他们的槟榔果园。每项被认为是肮脏和仪式上污秽的工作都必须尽可能在正餐前的沐浴时结束，例如把肥料运到田里或是和不可碰触的仆人一同工作。如果这种工作是在下午进行，那么在他回家后还要再沐浴一次……
>
> （第 153 页）

同样作为污染携带物，人们还在生食与熟食之间做出区分。熟食容易传播污染，生食则不会。因此，生食可由任何种姓的人携带和处理，此规则从实际的角度来说也是必需的，因为在这样的社会中劳动分工与遗传的洁净程度是相互关联的（参见本书第七章，第 156 页[①]）。水果和干果只要是完整的，就不会被污染，但是一

① 此处所示页码为原英文版页码，即本书边码。——译者

旦一个椰子被切开或者是一株车前草被斩断，那么哈维克人就不能从低种姓的人那里接受这个椰子或车前草了。

> 进食的过程具有潜在的污染性，但污染的程度取决于进
> 食的方式。唾液——即便是自己的，也是十分肮脏的。如果
> 一个婆罗门不注意用手指触碰了自己的嘴唇，他会沐浴或者
> 至少会更衣。同样，唾液污染也会通过物质传播。这两个信
> 42 条使人们在喝水时将水倾倒进嘴里，而不是将嘴唇贴在杯边，
> 抽烟时……用手而不是嘴唇直接接触。（事实上印度这一地
> 区的人们是不知道水烟袋的）……吃任何一种食物——甚至
> 是喝咖啡——之前都要洗手洗脚。
>
> （第 156 页）

必须咬进嘴里的食物比那些能够投入口中的食物更容易受唾液的污染。做饭的厨师不可品尝她做的饭菜，手指一旦触碰嘴唇就会失去保护食物以防污染的洁净前提。在进食过程中，人处于中等洁净的状态，一旦他不小心触碰了厨师的手或是勺子，厨师就变得不洁，并且在上下一道菜之前至少要更衣。由于吃饭时坐在同一排也会传播不洁，如果一起吃饭的人中有其他种姓的，那人应当与众人分开单独进食。一个严重不洁的哈维克人应当在室外进食，并且要自己拿走他用来吃饭的叶子。任何人碰了它都会被污染。唯一从他人叶子上取用食物而不会被污染的人是妻子，正如我们前面所提到的，妻子正是以此来表示她与丈夫的特殊关系。因此，规则越分越细。涉及有关月经、生产和死亡的仪式行为时，

规矩就更多了。一切从身体中释放出来的东西，甚至是伤口中流出的血液和脓汁都是不洁的来源。排便后的人必须用水清洗而不能用纸擦拭，并且只能用左手，因为右手要用来取食。踩到动物的排泄物是不洁的。碰到皮革是不洁的。如果穿皮凉鞋，就不能用手碰它，并且在进入庙宇或房子之前要脱鞋洗脚。 43

这些精确的规则指出了哪些间接的接触也会带来污染。一个哈维克人，在院子里和“不可触碰的”[①]仆人干活，当他和仆人同时接触一条绳子或是一棵竹子时会受到严重的污染。污染源于同时的触碰。一个哈维克人不能从“不可触碰的人”那里直接接受水果或是金钱。但是，一些东西即使在接触后仍会保持不洁的状态，并能传染不洁。被触碰过的棉布衣服、金属烹饪器具和熟食都会保持不洁状态。幸运的是，对于不同种姓的人来说，地面不是不洁的传导物。不过，覆盖地面的稻草却是。

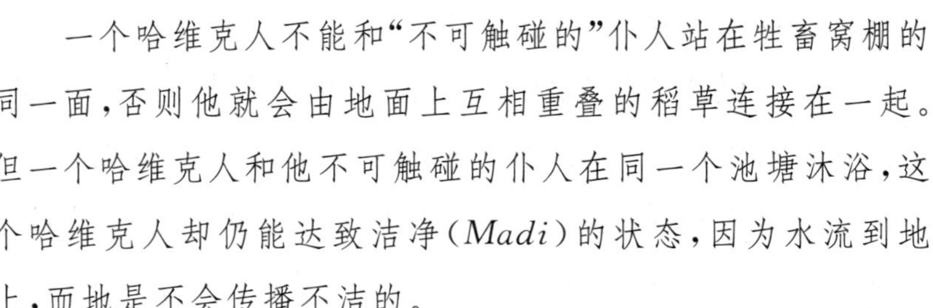

一个哈维克人不能和“不可触碰的”仆人站在牲畜窝棚的同一面，否则他就会由地面上互相重叠的稻草连接在一起。但一个哈维克人和他不可触碰的仆人在同一个池塘沐浴，这个哈维克人却仍能达致洁净（*Madi*）的状态，因为水流到地上，而地是不会传播不洁的。

（第 173 页）

我们越是深入到这个或者是与之相类似的规则之中，我们就

① 指贱民。——译者

越发明显地发觉自己所研究的是象征性的体系。那么，这真的是我们对于污秽的观念和仪式污染之间的区别吗？我们的观念是卫生学的，而他们的是象征性的吗？绝非如此：我将要论证的正是我们关于污秽的观念表达的也是象征体系，世界上不同地区间污染行为的差别只是细节上的。

在我们开始考虑仪式污染之前，我们必须扎进故纸堆里，重新
44 审视我们关于污秽的观念。通过将它们条分缕析，我们应当识别出任何我们已知的由近来的历史所造成的结果。

我们当代欧洲人对于污秽的观念和那些原始文化对于污秽的观念之间存在着两点显著的差别。一个差别是，在我们看来，对污秽的规避是卫生学或者是审美的事，与我们的宗教无关。在第五章（原始世界）中，我将更多地谈及那些将我们对于污秽的观念和宗教分开的特殊思想。第二个差别是，我们对于污秽的观念乃由关于致病生物的知识所统领。疾病的细菌传播是19世纪的伟大发现。它导致了医药史上最为根本的革命。我们的生活天翻地覆地改变了，这使得我们很难不在病源学的背景下看待污秽问题。然而显而易见的是，我们对于污秽的观念并不是最近才产生的。我们必须努力地回溯跨过已逝的150年，方能分析在细菌学介入之前规避污秽的基础，例如在熟练地将痰吐到痰盂中被认为是不卫生之举之前。

如果把关于污秽的观念中的病源学和卫生学因素去掉，我们就会得到对于污秽的古老定义，即污秽就是位置不当的东西（matter out of place）。这是一个十分具有启发性的研究进路，它暗示了两个情境：一系列有秩序的关系以及对此秩序的违背。这

样一来，污秽就绝不是一个单独的孤立事件。有污秽的地方必然存在一个系统。污秽是事物系统排序和分类的副产品，因为排序的过程就是抛弃不当要素的过程。这种对于污秽的观念把我们直接带入到象征领域，并会帮助建立一个通向更加明显的洁净象征体系的桥梁。

在我们自己对于污秽的观念中，我们能够发现自己使用的是一种无所不包的纲要，它包括了所有有序体系所摒弃的元素。这是一个相对的观念。鞋子本身不是肮脏的，然而把它放到餐桌上就是肮脏的；食物本身不是污秽的，但是把烹饪器具放在卧室中或 45
者把食物溅到衣服上就是污秽的。与之相类似，客厅里出现卫生间设备；衣服丢在椅子上；室外的东西带进室内；楼上的东西跑到楼下；内衣在放外衣的地方出现等等。简言之，我们的污染行为是一个反应，它声讨任何一种可能混淆或抵触我们所珍视的分类。

我们现在应当强迫自己关注污秽。在这种定义之下，污秽就是分类的剩余和残留的一类，它们被排除在我们正常的分类体系之外。在努力关注污秽的过程中，我们背离了自己最强烈的思维习惯。因为不论我们感知的是什么，这些东西都会被归入我们这些感知者所造就的模式之中。感知的过程并不是消极地允许一个器官——比如视觉的和听觉的——接受一个现成的印象，就像调色板上的一个颜料色块一样。辨认和回忆并不是激起过去印象的陈旧意象。人们通常认为，我们所有的印象从一开始就由一定的格式所支配。作为感知者，我们从落入我们感知范围内的所有刺激物中挑选出那些我们感兴趣的，我们的兴趣由创造模式的倾向统领着，有些时候我们叫它图式（schema）（见 Bartlett，1932）。在不断变换印象的混沌中，我们每一个人都建造了一个稳定的世界，在那里，事物都具有可辨认的形状，这个世界位于深处并且具有永久性。在认知的过程中，我们也在构建：接受某些提示，拒斥另外一些。最容易接受的是那些能够轻而易举融入我们所构建的模式中的暗示。模棱两可的暗示会被当作能够整合入模式中其余内容的东西来处理。不和谐的暗示则会被弃绝。一旦它们被接受，那么假设的结构就随之修改。随着学习进程的推进，物体开始被命名。这样一来它们的名称就会影响下一次被感知的效果：一旦被命名，它们就会被更加迅速地投递到未来的鸽笼式分类归档中了。

46 随着时间的推进和经验的积累，我们在自己的名称体系中的投入越来越大。这样，一个保守的偏见得以建立起来。它赋予我们以信心。有时候我们或许不得不修正我们的假设结构以便吸收新的经验，然而如果有关经验与过去的越一致，我们对自己的假设也就越有信心。至于那些拒绝融入的令人不舒服的事实，我们发现自己在故意忽视或者歪曲它们，使它们无法干扰已经建立的假设。大体上讲，我们注意到的任何事物都是在感知行为中被事先选定和组织起来的。我们和其他动物一样具有某种过滤机制，能够在最初只让我们感知到我们知道如何运用的东西。

但其他的呢？那些没能通过过滤机制的经验呢？我们有没有可能强迫自己去关注那些不惯常的轨迹呢？我们能否甚至研究这个过滤机制本身呢？

我们当然能够强迫自己观察那些我们的体系化倾向使我们错过的东西。我们经常十分惊讶地发现自己最初不花力气得到的观察是错误的。即使稳定地观察不断扭曲的装置也会使一些人感到眩晕，好像他们自己的平衡也被打乱了似的。阿博克罗比女士(Mrs. Abercrombie)选择一群医学院学生做了一个试验，来向他们展示我们在最简单的观察行为中也会用到的高度选择。“但，你不可能把整个世界看成一团混沌。”一个学生抗议道。另一个学生说：“就好像我的世界天崩地裂。”其他人的反应也都充满敌意(第131页)。

面对含糊不清的东西并不总是不愉快的经历。很明显，一些领域要比另一些领域更具有兼容性。在一个整套坐标系统中，笑声、抽搐和颤抖处于不同的点，具有不同的强度。这个经历可能是具有刺激性的。正像燕卜荪(Empson)展示的那样，诗歌的丰富性在于它运用了模棱两可的意象。在观看一个雕刻作品时，我们既可以把它看作一个风景，也可以将其看作放置在那里的裸体，正是这种含糊不清的特点增加了作品的趣味。艾伦茨威格(Ehrenz-
weig)甚至争辩说，我们之所以享受欣赏艺术作品的乐趣，正是因 47
为艺术作品能够使我们走到我们正常经验的清楚结构的后面。审美的愉悦来源于对不清楚的形式的感知。

在这里，我要为我把“反常”和“模糊”当作同义词使用而道歉。严格地讲，它们不是同义词：反常是不能融入已存在的系统中的元素；而模糊则是一种陈述的特性，即这种陈述允许两种解释。然而对生活事例的反思表明，在现实的应用中要想区分这两个术语是很困难的。糖蜜既不是液体也不是固体；可以说它具有使人模糊的感觉印象。我们也可以说糖蜜在液体和固体的分类中是不规则的，是反常的，因为它既不属于一类也不属于另一类。

所以，退一步讲，我们还是有能力面对反常的事物。当某种事物被严格地界定为反常时,它不属于其中的那个系统的轮廓也就同时被界定下来了。为了说明这个观点,我要援引萨特(Sartre)有关黏性(stickiness)的评论。他说黏性作为一种基本的体验,本身就足以让人生厌。一个幼儿把手伸进一坛蜂蜜中,他就立即开始思索固体和液体的正式特性以及主观经验的自我和被经历着的世界之间的本质关系(1943,第 696 页及以下诸页)。黏性物质是处于固体和液体之间的中间状态,就像在变化过程中的交替部分一样。它是不稳定的,却也不流动。它是柔软的、易弯曲的,也是可压缩的。它的表面没有滑性。它的黏性是一个陷阱,它会像水蛭一样粘住人;它向自我和它之间的分界线进攻。长长的柱状物从我的指尖落下,这意味着我自己的物质流入黏性物质的池子中了。伸到水里又是另一番感觉印象。我仍旧保持固态,可是接触黏稠的东西使我陷入稀释进黏性物质中去的危险。黏性就是紧紧地附着,就像占有欲太强的狗或情妇。通过这种方式,与黏性物质的第一次接触丰富了孩子的经验。他学到了关于自己、物质的特性以及自我和外物的关系的知识。

48 仅凭这个短短的引用片段,我无法充分揭示萨特受黏性物质启发而产生的那些绝妙的思想,在萨特看来,具有黏性的物质要么是异常的液体,要么就是融化中的固体。但有一点确定无疑,我们的主要分类以及那些无法融入分类中去的经验能够也确实使我们获益匪浅。一般而言,这些思考会进一步确认我们在主要分类上的信心。萨特讨论到,融化过程中的具有粘连性质的黏性物质本身的表现使它被判定为不光彩的存在形式。因此,从这些最早期的触觉经历中我们得知生活并不总是与我们的简单分类相一致。

我们有若干种方式来处理那些非正常事物。在消极方面，我们可以忽视它们，不感知它们，或者感知那些我们要批判的东西。在积极方面，我们可以有意识地面对这些反常的事物，并且创造出一个它们能够融入其中找到自己位置的新的现实模式。当然，要个人修正他自己的分类计划是不可能的。但是，个人都不是孤立存在的，他的体系会有若干部分是从他人那里得来的。

从公共意义上说，文化是将一个群体的价值观标准化，它在不同的个人经验间起仲裁和调和的作用。文化设置出一些基本的范畴，构成一个确定的格局，使得不同的观念与价值能够各得其位。并且最重要的是，文化具有权威，每个组成成员都被诱使表示同意，因为其他成员都已经达成一致了。但是它的公众特性使它的分类更加僵化。一个个体的人或许会修订他的假设模式。这是私人的事。然而公众的分类是公共的事务。它们无法被轻易地修正和改动。可是也不能无视反常形式的挑战。任何一种已有的分类体系都免不了会产生非正常的东西，任何一种文化也总会面对一些公然挑战其假设的事件。除了有丧失信心的危险外，它不能无视那些从它体系本身产生的非正常现象。这就是为什么我说在任何一个值得一提的文化中，我们都能够发现处理模糊或反常事件的多种预案。

首先，通过提供种种解释，含糊不清常常被缩减。例如，当畸 49
形儿出生时，人与兽之间的界限就有被混淆的危险。如果把生畸形儿看作是一种奇特罕见的事件的话，那么分类就又可以被重新建立起来了。因此，努尔人把畸形儿看作是“河马孩”，它们只是意外地投胎成了人，有了这个定义，相应适当的行为就很清楚了。人

们将“河马孩”温柔地放入河中，因为那里是原本应当属于它们的地方（Evans-Pritchard 1956，p.84）。

第二，反常的存在可以在身体层面上得到控制。在非洲西部的一些部落中存在着这样的规则，双胞胎一出生就必须被杀掉，因为人们认为同一个子宫中不能同时生产出两个孩子，而那样做才能够消除社会反常现象。就像晚上打鸣的鸡一样，如果它们的脖子在打鸣的同时就被拧断了的话，它们的存在也就不会同人们把鸡定义为破晓时啼叫的鸟相矛盾了。

第三，确立规避反常事物的规则，以确认和加强反常事物所不能遵守的那些定义。正如《利未记》憎恶爬行的造物一样，我们可以把可憎之物看作是被认可的事物模式的消极方面。

第四，反常的事件也许会被定义为危险的事件。不可否认的是，个人在面对反常事物时会感到焦虑。但是如果把制度的发展看作与个人自然产生的反应一样则大错特错。这样一种公众想法更有可能是在减少个人和普遍阐释之间不和谐的过程中产生的。在费斯廷格（Festinger）的著述中，很明显当一个人发现他自己的看法和他朋友们的不同，他就会要么动摇起来，要么尽力劝说他的朋友们改正他们的错误。把一种东西定为是危险的是一种设法规避争执的方式。它也帮助建立起一致性，这方面在后面关于道德的章节中将会涉及（第八章）。

第五，含糊的象征在仪式中的最终作用和在诗歌与神话中的
50 一样，都是为了丰富内涵或是要人们注意到存在的其他层次。我们在最后一章中将会看到仪式是怎样通过运用反常的象征将恶与死亡整合到生与善中去，最终组成了一个单一、宏大而统一的

模式。

总而言之，如果不洁就是物失其所，那么我们必须透过秩序的进路来研究它。一种模式如果想要保持下去的话，就一定要将不洁或污秽排除在外。意识到这一点是深入洞悉污染的第一步。它将我们置于神圣和世俗之间不清晰的界限中。同样的原则一直适用。此外，它使得原始和现代之间也不存在特定的分别。我们都服从同样的规则。然而在原始文化中，制定模式的规则具有更大的力量和更完全的广泛性。而在现代，这样的规则却只能应用于彼此分离、杂乱脱节的存在区域。

51 # 第三章 《利未记》中的可憎之物

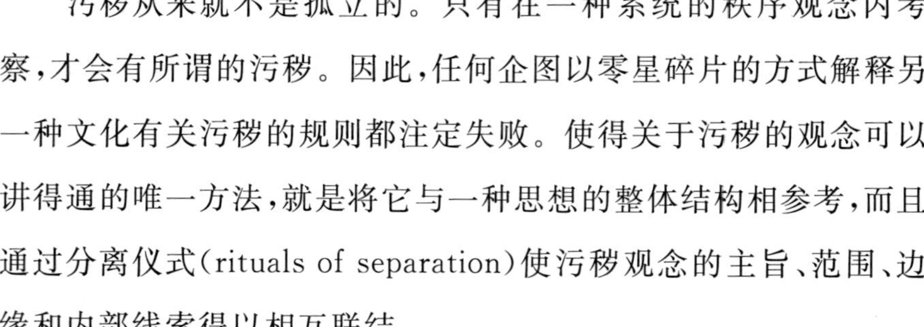

污秽从来就不是孤立的。只有在一种系统的秩序观念内考察，才会有所谓的污秽。因此，任何企图以零星碎片的方式解释另一种文化有关污秽的规则都注定失败。使得关于污秽的观念可以讲得通的唯一方法，就是将它与一种思想的整体结构相参考，而且通过分离仪式(rituals of separation)使污秽观念的主旨、范围、边缘和内部线索得以相互联结。

为了说明这一点，我选择了圣经研究中的一个古老难题，即《利未记》中的可憎之物，特别是其中有关饮食的规定来做阐述。为什么骆驼、野兔和岩獾是不洁净的？为什么有的蝗虫，而不是全部蝗虫是不洁净的？为什么青蛙是洁净的，而老鼠和河马却是不洁净的？哪些共同之处使得变色龙、鼹鼠与鳄鱼被排列在一起(《利未记》第十一章第二十七节)？

为了便于理解下述论证，我首先把圣经(NRST 新修订标准版)中《利未记》和《申命记》的相关章节引用如下[①]：

52 《申命记》第十四章：

---

① 中文译文采用的是和合本《圣经》。——译者

3凡可憎的物，都不可吃。4可吃的牲畜，就是牛，绵羊、山羊、5鹿、羚羊、狍子、野山羊。麇鹿、黄羊、青羊。6凡分蹄成为两瓣，又倒嚼①的走兽，你们都可以吃。7但那些倒嚼或是分蹄之中不可吃的，乃是骆驼、兔子、沙番，因为是倒嚼不分蹄，就与你们不洁净。8猪，因为是分蹄却不倒嚼，就与你们不洁净。这些兽的肉你们不可吃，死的也不可摸。9水中可吃的乃是这些：凡有翅有鳞的，都可以吃。10凡无翅无鳞的，都不可吃，是与你们不洁净。11凡洁净的鸟，你们都可以吃。12不可吃的乃是雕、狗头雕，红头雕、13鹯、小鹰、鹞鹰与其类；14乌鸦与其类；15鸵鸟、夜鹰、鱼鹰、鹰与其类。16鸮鸟，猫头鹰、角鸱、17鹈鹕、秃雕、鸬鹚、18鹳、鹭鸶与其类。戴胜与蝙蝠。19凡有翅膀爬行的物，是与你们不洁净，都不可吃。20凡洁净的鸟，你们都可以吃。

《利未记》第十一章：

2你们晓谕以色列人说，在地上一切走兽中可吃的乃是
这些：3凡蹄分两瓣、倒嚼的走兽，你们都可以吃。4但那倒嚼
或分蹄之中不可吃的，乃是骆驼，因为倒嚼不分蹄，就与你们
不洁净；5沙番，因为倒嚼不分蹄，就与你们不洁净：6兔子，因
为倒嚼不分蹄，就与你们不洁净；7猪，因为蹄分两瓣却不倒 53

① 倒嚼，即反刍，指动物进食以后将半消化的食物返回嘴里再次咀嚼的生理行为。本书中为与中文版《圣经》翻译保持一致，而统一译为“倒嚼”。——译者

嚼，就与你们不洁净。8 这些兽的肉，你们不可吃，死的你们
不可摸，都与你们不洁净。9 水中可吃的乃是这些：凡在水
里、海里、河里，有翅有鳞的，都可以吃。10 凡在海里、河里，
并一切水里游动的活物，无翅无鳞的，你们都当以为可憎。11
这些无翅无鳞以为可憎的，你们不可吃它的肉，死的也当以为
可憎。12 凡水里无翅无鳞的，你们都当以为可憎。13 雀鸟中
你们当以为可憎不可吃的，乃是雕、狗头雕、红头雕、14 鹞鹰、
小鹰与其类；15 乌鸦与其类；16 鸵鸟、夜鹰、鱼鹰、鹰与其类；
17 鸮鸟、鸬鹚、猫头鹰、18 角鸱、鹈鹕、秃雕、19 鹳、鹭鸶与其
类；戴胜与蝙蝠。20 凡有翅膀用四足爬行的物，你们都当以
为可憎。21 只是有翅膀用四足爬行的物中，有足有腿，在地
上蹦跳的，你们还可以吃。22 其中有蝗虫、蚂蚱、蟋蟀与其
类；蚱蜢与其类；这些你们都可以吃。23 但是有翅膀有四足
的爬物，你们都当以为可憎。24 这些都能使你们不洁净。凡
摸了死的，必不洁净到晚上；25 凡拿了死的，必不洁净到晚
54 上，并要洗衣服。26 凡走兽分蹄不成两瓣也不倒嚼的，是与
你们不洁净；凡摸了的，就不洁净。27 凡四足的走兽，用掌行
走的，是与你们不洁净：28 摸其尸的，必不洁净到晚上，并要
洗衣服。这些是与你们不洁净的。29 地上爬物与你们不洁
净的乃是这些：鼬鼠、鼫鼠、蜥蜴与其类；30 壁虎、龙子、守宫、
蛇医、蜓蜓；31 这些爬物，都是与你们不洁净的。在它死了以
后，凡摸了的，必不洁净到晚上。32 其中死了的掉在什么东
西上，这东西就不洁净。

41 凡地上的爬物是可憎的都不可吃。42 凡用肚子行走

> 的和用四足行走的，或是有许多足的，就是一切爬在地上的，你们都不可吃，因为是可憎的。

迄今为止，人们对于这个问题的解释可以大致归纳为两类：一种认为这些诫命是惩戒性的，而不是教义性的，因而是专断的，没有意义的；另一种则认为这些诫命是对于美好德行和罪恶习性的隐喻。迈蒙尼德采用了这样的观点：大部分的宗教规定是缺乏象征意义的。他说道：

> 应当举行献祭的法则被证明是很有用的。但是我们不能去追究为何一种献祭物是羔羊，而另一种献祭物则是成熟的公羊，也不能追问为何献祭总是某个固定的数量。有的人煞费苦心地为某些具体规定寻求原因，这在我看来只是徒劳之举……

作为一个中世纪的医生，迈蒙尼德也愿意相信饮食规则有着 55
正确的生理学基础。但我们已在第二章中排除了用医学解释象征意义的做法。不把饮食规则看作是象征，而是道德与规训，这种观点的一种现代表达可以从爱泼斯坦（Epstein）关于巴比伦《塔木德》（犹太法典）的英文笔记以及他关于犹太教史的很受欢迎的著作中找到（1959，p.24）：

> 所有律法的设置都有一个共同的目标……神圣性。肯定性的箴言是为了培养美德，发扬那些真信徒所表现出的美好

> 的品德和道义的行为。而那些否定性的诫命是为了与那些横亘在人们追求神圣之途中的罪恶习性及本能欲念相抗争……否定性的宗教律法也同样具有教化的意图和目标。在这些否定性的宗教律法当中,最重要的是关于禁止食用某些被认定为不洁净的动物。律法本身并没有图腾的性质,它显然是与《圣经》中的圣洁的理想相联系的。它的真正意图是把磨炼以色列人自我约束的能力作为达到圣洁必不可少的第一步。

根据斯泰因(Stein)教授所著《拉比和教父文学中的饮食法则》(*The Dietery Laws in Rabbinic and Patristic Literature*)一书,道德式的解释可以追溯到亚历山大时代以及古希腊时期对犹太文化的影响。公元1世纪的阿里斯提亚斯(Aristeas)的信件说明,摩西的律法不仅是一个颇有价值的训诫,"使得犹太人远离无知和不义",而且还使得他们与那些决定能否过上美好生活的自然理念和谐一致。由此可见,医药的解释和道德的解释在古希腊的影响这一点上重合了。斐罗(Philo)提出,摩西的律法所禁止的正是那些最为美味的肉类:

> 56 立法者严格地禁止了诸如猪和无鳞之鱼这些在陆地、海洋和天空中,其肉质最为肥美的动物。因为他们知道对于最为盲从的感官——味觉来说,这些动物是一个圈套,会使人做出贪食的恶行。

(这里我们直接被带入医药学的解释)

> 贪食对于身体和灵魂都是罪恶的和危险的。它会引起消化不良,这正是一切疾病和软弱的根源。

在另一个流派的解释中,追随罗伯逊·史密斯和弗雷泽的那些研究《旧约》的盎格鲁-撒克逊学者们倾向于简单地认为,因为这些饮食规则是无理性的,所以是专断的。纳撒尼尔·米克勒姆(Nathaniel Micklem)曾说:

> 评论者总是习惯于讨论为什么这些动物或者那些状态和症状是不洁净的。比如说,原始人有卫生规则吗?或者是因为一定的动物或状态表征或代表着某种特定的罪恶,因而是不洁净的?我们似乎可以肯定地说,所谓不洁净并没有基于卫生学或是任何类型学。这些规定根本就不是理性化的。这些饮食规则的起源可能是很多样的,是史前时代就已经起源的……

下面让我们也来比较一下德里沃(R.S.Driver 1895)的观点:

> 这些规则决定的洁净与不洁净之间的界限并没有明确定义,关于这一点一直有着很多争论。到目前为止,还没有发现哪一种解释能够囊括所有的情况。因而,以多个原则来解释
> 比用一个综合的原则来解释是更有可能的。有些动物是因为 57
> 令人厌恶的长相或者不卫生的习惯而被划入禁止食用之列;从另一些例子来看,有的动物之所以被列入禁止食用之列是

> 因为它有着很深的宗教含义，比如在阿拉伯半岛上，大蟒蛇就被认为是由非人之物或是魔鬼操控的，或者因为它是异教或他国的神圣之物，而这些禁令正是为了反对这些信仰而设立的……

塞顿（Saydon）在《天主教对圣经的注释》（*Catholic Commentary on Holy Scripture* 1953）中也持同样的看法，他表明他的观点源于德里沃和罗伯逊·史密斯。在罗伯逊·史密斯将“原始的，无理性的，不能解释的”的观念应用于希伯来宗教的部分内容的时候，这些内容似乎就被贴上了标签，直到今日还是未经检验。

毋庸置疑，这样的诠释根本就不是诠释，因为它们否定了这些规则的所有意义。他们只是用了一种学术的方式表达了自己的困惑。米克勒姆在谈到《利未记》时更坦率地说道：

> 从第十一章到第十五章可能是整本《圣经》中最缺少吸引力的章节了。对于现代的读者来说，这些是令人讨厌的，毫无意义的。它们主要谈论的是那些在仪式的意义上不洁净的动物（11）、妇女分娩（12）、皮肤病和弄脏了的衣服（13）、清除各种皮肤病（14）、麻风病以及人体的各种问题和各种分泌物（15）。除了人类学家外，还有谁会对此感兴趣呢？这一切与宗教到底有什么关系呢？

菲弗（Pfeiffer）对于以色列生活中关于祭司的和律法的因素大体持有总体上的批评态度。因此，他以同样的意见表达了他的权威观点，即“祭司法则”中的规定在很大程度上是任意的：

> 只有律师出身的祭司，才会认为宗教是一种神权统治，由 58
> 神圣的律法精确地规定的——所以也是任意和专断的——人对上帝的神圣的义务。他们把外部的存在神圣化，从宗教之中抹煞了《阿摩司书》中的伦理理想和《何西阿书》中的温柔情感，把宇宙的造物主贬低为专横的暴君……从远古的风俗之中，菲弗衍生出了两个基本的理念，而这正是其立法的特点：身体上的神圣性专断的施行——这也正是那些赞同属灵圣洁和道德律法的改革先知们所抛弃的古老观念。
>
> （第 91 页）

律师喜欢严谨的思考和法典的形式，并无不妥。但是，说律师倾向于将纯属扯淡的东西法典化——即任意地制定法律，这究竟是否合乎情理呢？菲弗试图在两个方面都做出肯定的答复，他坚持认为这些祭司作者都是严格的守法主义者，并在这一章的开头指出秩序的缺乏，来证明那些饮食规则是任意而定的。正如理查兹牧师/教授（H. J. Richards）为我指出的，在《利未记》中发现任意性有着意想不到的决定性价值。这是因为针对来源的批评将《利未记》归因于祭司所为，其作者们最为关心的就是要维护一定的秩序。所以，针对来源的批评为我们寻找另一种解释提供了支持。

至于“这些规则是对于美德和罪行的隐喻”的观点，斯泰因教授认为，“这些有活力的传统”起源于亚历山大时代对于犹太文化

的影响(第 145 页及以下诸页)。他在引用阿里斯提亚斯的一封信中谈到,大祭司以利沙(Eleazar):

> 承认大多数人觉得圣经中关于食物的限制是不可理解的。既然是上帝创造了每一件事物,那么为什么有些动物在他的律法里却被严格地排除,甚至连接触都是不允许的?(第
> 59 128 页及下页)他的第一个答案仍然把饮食禁忌与偶像崇拜的危害联系在一起……第二个答案则试图用寓意解经的方式驳斥某些指控。每一个关于食物禁忌的律法都有它深层的原因。基于特定的考虑,摩西没有将老鼠或鼬鼠列举出来。恰恰相反,老鼠特别地令人讨厌是因为它们的破坏性,而鼬鼠则是心怀诡计、搬弄是非的典型代表。它用耳朵受孕,却用嘴巴分娩。(第 164 页及下页)这些神圣的律令宁愿牺牲公正性也要激发我们的敬虔之心、塑造我们的性格。(第 161—168 页)比如说,那些允许犹太人吃的都是温驯、干净的鸟类,因为它们是靠吃谷物长大的,而不可以吃那些会俯冲下来袭击羊群甚至人类的野生食肉性鸟类。摩西称后者是不洁净的,通过这种方法来提醒人们不要对弱者使用暴力,不要过分相信自己的力量。偶蹄动物分裂的蹄象征着我们的行为必须显示出高尚的道德,并指向公理和正义……另外一方面,咀嚼反刍的食物则代表着记忆。

斯泰因(Stein)继续引用了斐罗对隐喻的使用,来对饮食规则做出诠释:

> 律法上认为，有鳞有鳍的鱼象征着忍耐和自制。而那些被禁止食用的则是随波逐流，无法抵挡水流力量的。爬行动物腹部拖在地上，用肚子蠕动，代表了那些只为自己的贪欲及其他欲念孜孜以求的人。而那些能够爬行，脚上有腿因而可以跳跃的动物则是洁净的，因为它们象征着道德努力的胜利。

基督教的教义很快追随了这种寓意解释的传统。在公元1世
纪，巴拿巴(Barnabus)书信就是写给犹太人，以使他们相信律法已 60
经被成全，他指出，洁净与不洁净的动物象征着不同类别的人，而麻风病代表着罪恶，等等。关于这个传统的一个更近的例子是在20世纪初，夏隆纳主教(Bishop Challoner)在关于威斯敏斯特圣经的笔记中写道：

> 是否分蹄及倒嚼是直接区分善与恶的界限，是上帝的律法。如果鱼没有鳞和翅，它就被认为是不洁净的。这是因为它没有能够通过祷告提升自己的灵魂，也没有能够用一定的美德修饰自身。
>
> （脚注，第三句）

与其说这些是诠释，不如说是对《圣经》虔敬的评注。它们作为诠释是不够格的，因为它们前后不一致，也并不全面。针对不同的动物就要建立不同的解释，因而，可能的解释方法的数量似乎没有尽头。

另一种传统的方法，也要回溯到阿里斯提亚斯的信中所提到

的观点，即之所以要让犹太人禁食某些东西，仅仅是为了保护他们不受外界的影响。比如：梅蒙尼德认为之所以禁止把小山羊放在母山羊的羊奶里煮，是因为这些在迦南人（Canaanites）的宗教里是一种神秘膜拜的行为。这种说法难以周全，因为犹太人并不是一贯地排斥所有的异教因素，而完全由自己独创所有的东西。梅蒙尼德接受了这样一种观点，即律法有着一些更加神秘的作用，其目的就是与异教完全分离开来。于是，犹太人被禁止穿由亚麻和羊毛合制而成的长袍，禁止把不同的植物种植在一起，禁止与动物
61 交媾，禁止用奶煮肉，而这些正是他们周围的异教徒所做之事。到目前为止还说得通：对于异教仪式的传播，这些律法成为了一道屏障。然而，如果真是那样的话，为什么另一些异教的行为则被允许了呢？不仅是允许的——比如说，献祭在犹太教和其他宗教中都是很普遍的行为——而且还在宗教中处于一个绝对中心的位置。迈蒙尼德在《迷途指津》（*The Guide to the Perplexed*）一书中答道，把献祭看作是过渡性的阶段是恰当的，生硬地割断犹太教与其他宗教的历史联系是不切实际的。这样的解释来自一个犹太教法学家之笔是非常特别的。事实上，在他严肃的犹太教著作中，他并没有试图坚持这样的观点。恰恰相反，他认为献祭是犹太教中最重要的行为。

至少迈蒙尼德看到了这个前后矛盾之处，并被它引得自相矛盾。然而，后来的学者们却多半满足于受外界影响而订立饮食规则这样的解释，而且有见风使舵之嫌。英国哲学家胡克（Hooke）教授和他的同事们提出：犹太人采纳了迦南人的某些献祭仪式，而迦南文化又很明显地与美索不达米亚文化有很多相同之处

(1933)。但这并不能解释为什么有些时候犹太文化是以接纳者的身份出现，而在另一些时候又以排斥者的面目出现。而且他也没有解释为什么有些异文化的因素被吸收了，而另一些则被排斥了。既然犹太人借用了其他宗教的仪式，那么讲那些在《利未记》中被禁止的——诸如在沸腾的羊奶中煮小山羊，以及与母牛交媾这些相邻部族的宗教为祈求多产而举行仪式的内容(1935)——还有什么意义呢？我们仍旧迷惑于对异教的吸收何时才是正确的，甚至海绵这个说法本身就是误导性的。同样的讨论在爱希洛特(Eichrodt)那里(第230—231页)也同样令人迷惑。当然，没有一种文化是从虚无中产生的。犹太人从他们的邻居那里自由地吸收了一些元素，然而也并非完全的自由。有一些异文化的因素与他们自己改造宇宙观模型时的基本原则是不相容的，而另一些则是相容 62
的。比如，泽纳(Zaehner)就曾经指出，犹太教对于爬行动物的憎恶可能是来自拜火教(第162页)。不管历史怎样证明犹太教吸收了异文化的因素，我们都应该看到，正是在他们文化模式形成的过程中，有着一个在此之前已经构成的兼容性，使得某种特定的憎恶与构建他们宇宙观的普遍原则可以并行不悖。

所有那些试图把《旧约》中的禁令以零碎的方式看待的解释都注定要失败。唯一正确的方式是忘掉卫生、美学、道德以及本能的反感等，甚至忘掉迦南人与拜火教的智者，一切从文本开始。既然每一道禁令开始都有一个“成为圣洁”的命令，所以它们也必须由这个命令来解释。在圣洁与憎恶之间必然存在着一种对立，它从根本上决定了所有具体限制的整体意义。

圣洁是上帝的属性，其根本的意义就在于“分别出来”。除此之外，它还有什么意义呢？我们应当从寻找力量与危险的基本原则出发，开始关于宇宙论的探讨。我们发现，在《旧约》中，赐福乃是一切善事的根源，而所赐之福的收回乃是各种危险的根源。上帝的赐福使大地成为人类能够生活的地方。

上帝通过赐福的工作来创造秩序，从而使人类繁荣昌盛。妇女多育，家畜兴旺，田地丰饶，都是上帝应许赐福的结果，可以通过信守与上帝所立的约，并遵守他的诫命，举行他所立的典仪而获得（《申命记》第二十八章第一至十四节）。凡是赐福被取消的地方，诅咒的力量就会横行肆虐，荒芜、瘟疫与混乱就会出现。因为摩西曾经说过：

> 你若不听从耶和华你上帝的话，不谨守遵行他的一切诫命律例，就是我今日吩咐你的，这以下的咒诅都必追随你，降
> 63 临到你身上：你在城里必受咒诅，在田间也必受咒诅；你的筐子和你的抟面盆都必受咒诅。你身所生的、地所产的，以及牛犊、羊羔都必受咒诅。你出也受咒诅，入也受咒诅。耶和华因你行恶离弃他，必在你手里所办的一切事上，使咒诅、扰乱、责罚临到你，直到你被毁灭，速速地灭亡。耶和华必使瘟疫贴在你身上，直到他将你从所进去得为业的地上灭绝。耶和华要用痨病、热病、火症、疟疾、刀剑、旱风（或作干旱）、霉烂攻击你。这都要追赶你，直到你灭亡。你头上的天要变为铜，脚下的地要变为铁。耶和华要使那降在你地上的雨变为尘沙，从天临在你身上，直到你灭亡。
>
> （《申命记》第二十八章第十五至二十四节）

由此可以清楚地看到，无论是肯定的还是否定的戒律，都绝不仅是说说而已，而是被视为有效验的：顺之者昌，逆之者亡。因此，我们必须像看待原始人的仪式禁忌一样看待它们。一旦违犯它们就会给人造成灾难。戒律与仪式的焦点，似乎都是“上帝的圣洁”这一观念，而人们在自己的生活中必须要活出圣洁来。人类生活在这样一个世界上：与圣洁一致，他们便繁荣昌盛；一旦违背圣洁，就会走向灭亡。如果没有其他线索的话，我们应当可以通过考察人们所遵守的诫命，揭示希伯来人关于圣洁的观念。从无所不包的人类之善这一方面来看，这显然是不完美的。虽然正义与道德之善可以阐释圣洁，并且成为圣洁的组成部分，但是在圣洁中还应有其他方面的观念包含其中。

如果我们承认圣洁的根本意义是“分别出来”，那么下一个出现的问题就是认为圣洁具有完整性(wholeness)和完全性(completeness)。《利未记》的大部分内容，论述的是作为献祭的物品和
进入圣殿的人都必须保持清洁和完美。献为祭品的动物必须是没 64
有瑕疵的，妇女在生育之后必须把身体洁净，麻风病患者必须被隔离，在他们痊愈之后必须经过洁净仪式方可进入圣殿。所有的身体排泄物都会亵渎神圣，因而没有资格靠近圣殿。只有当其至亲的亲属去世时，祭司才可以与死亡发生直接接触。而大祭司无论何时都绝不可接触死亡。

《利未记》第二十一章：

17 你告诉亚伦说，你世世代代的后裔，凡有残疾的，都不可近前来献他神的食物。18 因为凡有残疾的，无论是瞎眼

> 的，瘸腿的，塌鼻子的，肢体有余的，19 折脚折手的，20 驼背的，矮矬的，眼睛有毛病的，长癣的，长疥的，或是损坏肾子的都不可近前来。21 祭司亚伦的后裔，凡有残疾的都不可近前来，将火祭献给耶和华。

换句话说，假如他要做一名祭司，他就必须是一个完美的人。

这种注重身体上的完全性的观念常常被重复，而它同样也在社会生活领域起作用，尤其在战士的营地里则表现得更为突出。以色列人的文化传统得以最强烈地表现的时刻，就是他们祈祷或战斗的时候。没有获得赐福的军队不可能取得胜利。而要保证自己的营地有上帝的赐福，就必须使自己特别圣洁。因而，营地就要像圣殿一样杜绝污染。如同一个不洁净的崇拜者不许接近圣坛一样，任何的身体排泄都使人不能进入军营。如果有的战士在晚间有梦遗而不洁净，他就得离开军营，留在营外，直到日落后洗过澡，才能回到营地。人体的自然排泄必须在军营之外进行（《申命记》第
65 二十三章第十至十五节）。总而言之，圣洁的观念被赋予了一种外在的、物理性的表现形式，即没有损伤的躯体才被视为完美的器皿。

在一定的社会情境下，完整性（wholeness）也会扩展为意味着完全性（completeness）。一项重要的事业一旦开始，就不能未完成就停止。同样，一个人也会因为缺乏完整性而被剥夺参加战争的资格。一场战役开始之前，指挥官必会宣读《申命记》第二十章：

> 5 谁建造房屋，尚未奉献，他可以回家去，恐怕他阵亡，别人去奉献；6 谁种葡萄园尚未用所结的果子，他可以回家去，

> 恐怕他阵亡,别人去用;7 谁聘定了妻,尚未迎娶,他可以回家去,恐怕他阵亡,别人去娶。

实际上,这条律令之中并没有任何的“污秽”的隐含意义。这并不是说一个男人因为手上有一项工作尚未完成,就与大麻风患者一样是污秽的。接下来的一句经文继续说明了懦弱和胆怯的人应该回家,这是为了防止他们的恐惧传染到其他人身上。但在另一些段落中,又强烈主张一个人不应该手扶上犁把后又想回头。彼得森(Pedersen)更是认为:

> 所有这些案例都讲的是,一个人已经开始一项更为重要的任务而尚未完成时的情况……新的整体性已经萌芽了。过早地破坏它,也就是在它达到成熟或被完成前破坏它,就涉及严重的罪过。
>
> (第三章,第 9 页)

如果我们同意彼得森的说法,那么就可以看到,如果想要在战
争中获得上帝的赐福并取得胜利,就要求每个人全部的身体和心 66
灵都必须是完整的,没有未完成的计划。在《新约》里面,还确实有一个关于这个主题的具体章节,即关于一个人准备举行一场盛大的筵席,他所邀请的客人因为找借口不来赴宴而使他大发怒气(《路加福音》第十四章第十六至二十四节,《马太福音》第二十二章,见:Black & Rowley,1962,p.836)。一个客人是因为买了一块新的田地,另一个是因为买了十头牛而且还没有试过,还有一个是

因为才娶了妻。如果参照在《旧约·申命记》第二十章的规定，他们每个人拒绝出席都有正当理由。这个寓言支持了彼得森的观点，即如同在战争的情况下一样，打断一项新的计划在平民生活里也被认为是糟糕的。

还有一些诫命在另一方向上发展了完整性的观念。有关身体与新工作的隐喻，同个体及其工作的完整性联系起来。而另一些诫命，则把圣洁的观念扩展到不同的物种和范畴。杂种及其他的混杂之物是被厌恶的。

《利未记》第十八章第二十三节：

> 不可与兽淫合，玷污自己。女人也不可站在兽前，与它淫合。这本是逆性(perversion)的事。

"逆性"(性反常)这个词，明显地是希伯来语中的"*tabhel*"这个罕见词汇的误译。这个词的本意是混合或混乱。在《利未记》第十九章也表述了相同的主题：

> 你们要守我的律例。不可叫你的牲畜与异类配合，不可用两样掺杂的种，种你的地，也不可用两样掺杂的料做衣服，穿在身上。

所有这些诫命都有一个总的命令作为前提：

> 你们要圣洁，因为我是圣洁的。

由此我们可得出如下结论：圣洁是以完全性为标准来检验的。67
圣洁要求每个人都要符合他所归属的阶段或阶层；圣洁要求不同种类、层次的事物不能混淆。

另外一个体系的诫命将最后一点进行了更加细致的阐释。圣洁就意味着保持创世之物的独特性。因而，它也就包含着正确的界定、区别与秩序。在此意义上，所有关于性的道德原则都体现了圣洁或神圣性。乱伦与通奸(《利未记》第十八章第六至二十节)在最简单的意义上违背了正常秩序，也就冒犯了圣洁。道德虽然不与圣洁相冲突，但是圣洁更强调的是“分别出来”，也就是说它更注重于那应该分别开来的，而不仅仅停留在保护兄弟与丈夫的权利上。

接下来的《利未记》第十九章，列出了与圣洁相对立的行为清单。这个清单进一步发展出了这样的观念，即圣洁是一种秩序，而不是混乱。它提出正直和直来直去的行为方式是圣洁的，而矛盾的或表里不一的行为方式就是违背神圣的。偷窃、说谎、做伪证、缺斤短两、各种伪善，诸如说聋子的坏话(而在他们面前又装出一副笑脸)、在心底仇恨兄弟(但是在他面前说的却是和气话)等等，这些都明显是矛盾的、表里不一的。虽然，这一章还讲了许多关于宽容与爱，但它们都是一些肯定性的诫命，而我主要探讨的则是那些否定性的规则。

现在我们已有了一个较坚实的基础，在此基础上我们可以探讨食物洁净与否的律法了。圣洁就意味着完整的，独一的；圣洁是统一的、内外一致的，无论个体还是整个类别都是完美的。饮食规则只不过是以同样的方式发挥了有关圣洁的隐喻。

我们应该先从家畜方面入手：牧养牛群、骆驼、绵羊、山羊，这些都是以色列人维持生活的手段。它们是洁净的，如果在进入圣殿之前接触到它们的话，并不需要洁净身体。家畜如同居住地一样，受到上帝的赐福。无论土地还是家畜，都要靠赐福来增产，它
68 们都被纳入了神圣的秩序中。农夫的职责就是要维护这种福分。首先，他必须确保受造之物的秩序不会陷入混乱。所以，正如我们所见到的，无论在田野里、畜群中，还是人们穿的衣服（由羊毛或亚麻制成），都不能有混杂的现象。从某种程度上说，人类与其土地和畜群的约，同上帝与人所立的约是相同的。人类重视其畜群的头生，并使之守安息日。人们驯化牲畜，使之成为奴隶。它们只有被纳入社会秩序之中，才能享受到赐福。牲畜与野兽的区别就在于野兽没有约来保护它们。以色列人或许像其他的放牧人一样，不喜好吃野味。比如苏丹南部的努尔人，他们有反对并制裁以狩猎为生者的律令。被迫吃野兽乃是穷苦牧人的标志。所以，认为以色列人十分想吃被禁止的肉食，而且觉得禁令使人厌烦的观点应该是错误的。德里沃确信，这些律法只是对于他们原有习俗的概括。这是很正确的。偶蹄且倒嚼的动物是适于畜牧者的食物模式。假如牧人必须吃野兽的话，他们可以吃与这些倒嚼的偶蹄动物具有同类特征的，即在种属上相同的动物。这实际上是一种诡辩，但它却使狩猎的范围扩大到包括羚羊、野山羊和野绵羊。如果不是订立律条的人注意到，应该给一些处于临界状态的事物做出规定，那么任何事本来都是可以毫不含糊地规定下来。某些动物虽然是倒嚼的，诸如野兔、蹄兔（或獾），它们经常磨自己的牙，因而被认作是倒嚼的动物。但它们明显可见不是偶蹄的，所以被排除

在外。同样，猪与骆驼虽然是偶蹄的，但绝不是倒嚼的。由此可知，判断牲畜有两个必不可少的标准，其唯一的根据就在于《旧约》，因而人们避免接触猪。没有任何地方曾经提到过这是因为猪有爱吃脏东西的习性。猪既不产奶，也不产毛，除了肉食之外，喂养它毫无意义。假如以色列人不曾喂养过猪，他们也就不会熟悉 69
猪的习性。所以我认为，猪之所以在《圣经》中所被定为是不洁净的原初理由，就在于野猪根本无法与羚羊划归一类。而骆驼与蹄兔也是基于同样的理由而被划入不洁净之列。

《利未记》在判定了这些模棱两可的例子之后，接下来，律法又根据生物是如何在水、天空、陆地这三界中生存的来裁决它们。这里所适用的原则，是完全不同于以上所涉及的骆驼、猪、野兔及蹄兔的原则。它们之所以被排除在洁净的食物之外，是因为它们只具备与牲畜相似的一个特征，而不是两个特征都具备。关于鸟的禁令我们很难予以评说。正如我曾经所说的，它们只是被提及了名称而未被描述。此外，对于这些名称的翻译，也是令人怀疑的。总的说来，判断某种动物是否洁净的原则，就是看它是否与其所属种类（的基本特征）保持一致。这些鸟类之所以是不洁净的，是因为它们在其种类中是不完美的成员，亦或是因为它们的种类本身混淆了世界的基本架构。

如果我们试图把握世界的基本架构，就必须回顾《创世记》及其创世活动。《创世记》中展现了宇宙的三界，亦即陆地、海洋与天空。《利未记》继承了这一架构，并为每个层次规定了适当的动物生存：在天空中，是有两条腿的飞禽以翅膀飞行；在水中，是有鳞的鱼用它的鳍漫游；在陆地上，则是有四条腿的动物跳跃或行走。任何生物，只要它不“配备”适于其所在层位的正确运动方式，就是违背圣洁的。人们如若接触了它们，就没有资格进入圣殿。因此水中之鱼，凡无鳞无鳍的就是不洁净的(《利未记》第十一章第十至十二节)。在此，既没有谈到它们有无掠夺的习性，也没有论及它们肮脏与否。检验鱼类是否洁净的唯一标准，是它们有没有鱼鳞，是不是以鳍为行进的手段。

有四足但却能飞的生物是不洁净的(《利未记》第十一章第二
70 十至二十六节)。虽然有两条腿和两只手，却以掌行走的动物是不洁净的(同上，第十一章，第二十七节)。接下去(第二十九节)，《利未记》列举了一个十分有争议的名单。换句话说，这正是那些已被赋予了手(而不是前足)，可是它们却反常地用手行走的动物：鼬鼠、老鼠、鳄鱼、鼩鼱、各种蜥蜴、变色龙以及鼹鼠(Danby，1933)，它们的前肢都不可思议地像手一样。然而这一特征在新修订版里《圣经》里已见不到了，新修订版里用的不是“手”这个字，而是“爪”。

最后一类不洁的动物是那些在陆地上爬行、蠕动或蜂拥的动物。这种行进方式显然与圣洁相违背(《利未记》第十一章第四十一至四十四节)。德里沃与怀特用“蜂拥”(swarming)这个词翻译希伯来文的 *shérec*，但这个词的原意既是指在陆地上爬行，也是指在水中游动。然而，无论我们称之为游动、拖曳、爬行、蠕动，它都是指一种未定的运动形式。因为，主要的动物种类都已经按照其被指定的典型运动方式而确定下来了。所以，“蜂拥”就不是适于特定层位的正确行进方式。因为它破坏了世界的基本分类。蜂拥的生物既不是鱼，也不是动物，也不是禽；鳗鱼和蠕虫虽然不是鱼，却可以生活在水中；两栖动物不是走兽，却栖身于干燥之地；有些昆虫不是鸟，却能够飞行。它们没有秩序可言。这使我们回想起《哈巴谷书》(*Habakkuk*)对此生命形式所做的评述：

> 你为何使人如海中的鱼，又如没有管辖的爬物呢？
>
> (《哈巴谷书》第一章第十四节)

蜂拥集群的生物的原型及典型是蠕虫。如同鱼应归入海洋一样，蠕虫应归入坟墓的领域，那里是死亡与混乱之地。

蝗虫的问题令人感兴趣，而且也是与前边提到的基本原则相
符的。检验蝗虫是否洁净，从而决定它能否可食用的标准，就在于 71
它在陆地上的行动方式。假如它在地上爬行，那它就是不洁净的。假如它跳跃行进，它就是洁净的(《利未记》第十一章第二十一节)。我们可以看到，在《密释纳》(*Mishnah*)中，蛙并没有被列为爬行动物，而且蛙没有表现出任何不洁净(Danby，p.722)。我认为蛙之所以没有被列入爬行动物的原因，就是因为它是跳跃前进的。如果企鹅生活在近东地区的话，我想它们会因为是无翅之鸟而被列为不洁之列。如果以这个视角来看，不洁之鸟正是因为它们不仅会飞，还会游泳、潜水而被视为怪物。或者说，在其他的这些方面它们并不完全是鸟的样子。

因此，要继续坚持说“你们要圣洁”仅仅意味着“你们要分别出来”的观点无疑是很困难的。摩西告诫以色列人的儿女要永远牢记上帝的旨意：

> 你们要将我的话存在心内，留在意中。系在手上为记号，戴在额上为经文。也要教训你们的儿女，无论坐在家里，行在路上，躺下，起来，都要谈论。又要写在房屋的门框上，并城门上。
>
> （《申命记》第十一章第十八至二十节）

假如本文对动物禁忌所做出的诠释是正确的，那么饮食规则就是一种标志，它时时处处使人们深刻体会上帝的唯一性、纯洁性和完美性。通过这些禁忌规则，人们在遇到各种动物与各种食品的场合里，圣洁都有了实在的表现形式。因此，遵守饮食规则就成为了承认与崇拜上帝的重要圣事中极有意义的组成部分，而这种圣事往往在圣殿举行的献祭仪式中达到高潮。

第四章　魔法与神迹 72

有一次，一群昆·布须曼人（!Kung Bushman）[①]刚刚完成求雨仪式，一小朵云彩就出现在天边，并且逐渐变暗。紧接着就下起了雨。但是当人类学家询问布须曼人，问他们是否认为是因为求雨仪式老天才下了雨时，却被一笑置之（Marshall 1957）。关于别人的信仰我们会多么天真呢？过去的人类学资料充满了这样的观念，即原始人期望仪式能够直接介入他们的事务，他们善意地取笑那些把欧洲人的药物作为治疗仪式补充的人，说这是缺乏信心的证明。丁卡人（Dinka）[②]每年都要举行治疗疟疾的仪式。这个仪式一般安排在疟疾有望偃旗息鼓的月份里。一个目睹这一仪式的欧洲观察者干巴巴地评论道，主持仪式的神职人员在仪式末尾敦促每个人如果希望痊愈一定要定期去诊所（Lienhardt 1961）。

要想追溯那种认为原始人期待他们的仪式具有外在功效的观念并不困难。在我们文化的底部存在着一个无需证明的假设，即外邦人都不了解真正的精神宗教。正是基于这个假设，弗雷泽对 73

---

① 指主要居住在博茨瓦纳和纳米比亚的喀拉哈里沙漠中的同种同文化民族。过去曾被南部非洲的白人称作布须曼人，现被称为克瓦桑语族，包括霍屯督语（Hottentot）和布须曼语（Bushman），以反映他们的文化相关性。——译者

② 指居住在苏丹南部的黑种部族人。——译者

原始魔法那宏大的描述才会生根发芽枝繁叶茂。魔法被小心地同其他仪式区别开来，原始部落就像是阿里巴巴和阿拉丁那样的人，他们口念咒语手抚神灯。欧洲人对原始魔法的看法导致了对原始文化和现代文化的错误区分，并且很不幸地束缚了比较宗教学。在这里我不打算向大家展示迄今为止魔法(magic)这个术语是怎样被不同的学者运用的。人们在定义和命名那些被认为能够有效改变事物进程的象征行为上已经花费了太多的学识(Goody，Gluckman)。

在欧洲大陆，魔法仍旧是一个模糊的文学词汇。人们描述它，却从未严格地定义过它。但清楚的是，在莫斯的《魔法理论》(*Théorie de la Magie*)[①]中，魔法这个词并不意味着一个特定种类的仪式，而是原始人类整个系列的仪式和信仰。人们并不特别地关注其功效。我们得感谢弗雷泽将魔法的观念作为有效的象征分离出来，并加以强化(参见第一章)。马林诺夫斯基不加批判地进一步发展了这个观点，并且赋予其复兴的生命。在马林诺夫斯基看来，魔法来源于个人情感的表达。当激情扭曲了巫师的脸，使他跺脚或挥拳头的同时，也使他将获利或复仇的强烈欲望付诸行动。这种身体上的付诸行动，在一开始几乎是不得已的。这种受制于激情的心想事成，在马林诺夫斯基看来是魔法仪式的基础(见：Nadel，p.194)。马林诺夫斯基对于日常言语的创造性效果具有独创的洞见，并对当代语言学产生了深远的影响。但他怎么能

---

① 国内目前较流行的译本是杨渝东等译《巫术的一般理论》(*A General Theory of Magic*)，2007年由广西师范大学出版社出版。但出于全书译文内部统一的需要，此处我们仍将magie译作魔法，以避免混淆。——译者

如此随意地把魔法仪式和其他仪式分隔开来，将魔法看作是可怜人的威士忌酒来加以讨论，认为魔法不过被用来抵御那些使人畏惧的麻烦，用以获得欢乐和勇气的方式？这是另一个应该归因于弗雷泽的错误，而马林诺夫斯基声称自己是弗雷泽的弟子。

既然罗伯逊·史密斯在罗马天主教仪式和原始巫术之间找到了相似之处，那么就让我们充满感激地接过这个线索。因为魔法 74
使我们能够解读奇迹，使我们能够用基督教笃信奇迹时代大众信徒的视角思考仪式和奇迹的关系。这样一来，我们发现奇迹总是有可能发生；但它并不一定依赖仪式，只要有道德的需要和正义的需求，奇迹会在任何时间和地点发生。它在一些物体、地点和人身上有更强的效果。它并非受控于某种自动的程序；正确的话语以及洒圣水也不能保证治愈。奇迹的干预力量被认为是存在的，但是却没有一成不变的方法来驾驭和利用它。它就像伊斯兰的巴拉卡（*Baraka*）、条顿人的运气（Luck）和波利尼西亚人的玛纳（*Mana*）一样各不相同。每个原始世界的人们都希望能够利用一些这样的非凡力量来满足人们的需要，并且每个原始世界的人都料想到要认真对待一套不同的因果链体系。关于这方面的内容将在下一章讨论。在我们基督教传统中的奇迹时代，奇迹并不只是通过仪式发生，仪式也并非总是为奇迹而举行。同样，我们也完全可以认为原始宗教中的仪式和奇迹结果之间存在着同样松散的联系。我们应当承认奇迹干预的可能性一直存在于信徒的头脑之中，而且希望在宇宙象征的实现之中获取物质上的利益是很自然的。此乃人之常情。但是，认为原始仪式主要关注的是制造奇迹性的结

果却是错误的。原始文化中的神职人员并不必然是创造奇迹的人。这种观点一直以来妨碍了我们对于异邦宗教的理解，但它只是一个更加根深蒂固偏见的一个近期副产品。

内在意志（interior will）和外在实施（exterior enactment）之间的差异深植于犹太教和基督教的历史之中。任何一种宗教在本质上都是在这两极之间摇摆。一种新的宗教要想在它最初那革命
75 般的激情退去之后再支撑哪怕十年，就必须从内在转到外在宗教生活中。外在躯壳不断硬化，最终变成丑行，新的宗教又会应运而生。

因而旧约先知们会不断地愤怒责备那些没有谦卑悔悟之心而只有外在虚华形式的信仰。从第一次耶路撒冷会议开始，使徒们就试图对成圣进行属灵性的阐释（spiritual interpretation）。登山宝训被认为是弥赛亚式的成全，是对摩西律法的精心设计的对应。圣保罗（St.Paul）频繁地提及摩西律法，将其视为过去时代的一部分，是奴役也是束缚，关于这一点已经太为人所熟知而无需引述。从这时起，一个人的生理学上的状态，无论他是麻风病人，是血漏者，还是跛子，都与他们接近圣坛的能力无关。他们吃的食物，他们触碰的东西以及他们做事的日子，这些意外偶然的状态不会影响他们的属灵地位。罪被认为是有关意志的，而与外在环境无关。但是渐渐地，早期教会的属灵目的被那些自发产生的对身体状态与仪式无关的教导抱有抵抗情绪的观念所战胜。例如，如果我们参考一些早期赎罪规则书就会发现，血液污染的观念很长时间一直处于气息奄奄的状态。但我们再看看公元668年到690年坎特伯雷大主教西奥多（Archbishop Theodore of Canterbury）的忏悔

规则书：

> 如果某人在不知情的情况之下，吃了被血液或其他不洁物质污染的东西，那无关紧要；但如果他知情的话，他应当根据污染的程度以苦行来赎罪……

他还要求妇女在生产之后的 40 天里净化洗涤，并且命令任何一个在月经期间进入教堂或领受圣餐的妇女，无论她是神职的还是非神职的，都要禁食三周赎罪（McNeil & Gamer）。

不用说，这些规则并不是作为《教会法》（*Corpus of Canon Law*）的一部分而被采用的，而在今天我们已经很难在基督教的实践中找到仪式不洁的例证了。禁令在最初关注的是去除血液的污 76
染，如今被解释为只带有象征的精神意义。例如，先前一个教堂的区域内如果流过血，这个教堂就要被重新祭祀。但是圣托马斯·阿奎那对此解释说，“流血”是指那自愿主动的伤害导致的流血，而这意味着罪，在神圣地方的罪使教堂不再神圣而不是由于血液的污染。与之相类似，针对新生产母亲的净化仪式或许在根本上来源于犹太教，但是可以上溯到教皇保禄五世（Pope Paul V，1605—1621）的现代罗马仪式把这一仪式简单地看作安产感谢礼。

新教（Protestantism）漫长的历史表明其需要不断地努力以防止仪式因其形式僵化而取代宗教感受。一波又一波的改革不断地冲击那些空洞的仪式躯壳。只要基督教还有生命，法利赛人和税吏的比喻的回响就永远都不会停止。这些比喻指出外在的形式会变得空洞，并会反过来嘲弄它们所代表的真理。每一个新的世纪到来，我们都会变成一个更为久远的更有活力的反仪式传统的继承人。

就我们自己的宗教生活而言，这都是正确而有益的。但是当我们把自己对僵死的形式主义的恐惧带入到对其他宗教的判断中时却要十分小心。福音派运动（The Evangelical movement）带给我们这样一个倾向，即认为任何仪式都是空洞的形式，任何行为的法典化都会背离感同身受的自然运动，任何外在的宗教都背叛了真正的内在宗教。这种观点离我们对原始宗教的某些假定只有一步之遥。如果这些原始宗教足够正式以至于可以被记录下来，那么它们就一定太正式了，一定已经没有内在的宗教存在了。例如，菲弗（Pfeiffer）的《旧约书简》（*Books of the Old Testament*）就带有这样的反仪式主义偏见，并使他将“古老的秘密会社宗教”和先

77 知的“新行为”对立起来。在他看来，在古老的秘密会社中似乎不存在任何灵性内容（第 55 页及以下诸页）。他将以色列的宗教历史描述成严厉而冷酷的立法者与先知的对立，两者不被允许并存于同一个仪式，仪式和法典化也不会与灵性有关。在菲弗看来，那些律法师：

> 把外部的存在神圣化，从宗教之中抹煞了《阿摩司书》中的伦理理想和《何西阿书》中的温柔情感，把宇宙的造物主贬低为专横的暴君……从远古的风俗之中，菲弗衍生出了两个基本的理念，而这正是其立法的特点：身体上的神圣性和专断

> 的施行——这也正是那些赞同属灵圣洁和道德律法的改革先知们所抛弃的古老观念。
>
> （第 91 页）

这并不是历史事实，而只是纯粹的反仪式主义偏见。其谬误之处在于设想存在某种完全内在性的宗教，而没有规条，没有礼拜仪式，没有内在状态的外显征兆。宗教就像社会一样，外在的形式是它的存在状况。作为福音派传统的继承者，我们所受的教育让我们怀疑形式，而去寻找自然产生的表达方式，就像那玛丽·韦伯(Mary Webb)笔下的一个教士的姐妹所说的那样，“自制的糕饼和自发的祈祷一样都是最好的”。人作为社会动物也是仪式动物。即使有某种仪式被压制，它也会以另一种形式凸显出来。社会与其互动越剧烈，其所凸显的程度也就越强烈。没有哀悼的信函，没有祝贺的电报，没有哪怕是偶尔的明信片，那么分隔两地的友谊就称不上是社会现实。没有友谊的仪式，友谊就不存在。社会仪式创造了一个现实，离开了仪式，这个现实就不复存在。仪式之于社会要比字词之于思想更为紧密，这样讲毫不过分。我们有可能先了解一个事物再找到与它相匹配的词语，但是没有象征行为就根 78
本不会有社会关系。

如果我们能够进一步澄清我们对于世俗仪式的观点，就能够更加理解原始仪式。对于我们个人来说，日常的象征制定起到了几个作用。它为我们提供了一个聚焦的机制，这是一个记忆的方法和一种经验的控制。仪式首先用于聚焦，它提供了一个框架。

那被标记的时间和地点激活了一种特殊的期望，就像那经常被人重复的“很久很久以前”一样制造了一种接受奇异故事的情绪。我们可以在微小的个人实例中思考和反省这个框架，因为最微不足道的行动往往带有重大的意义。框架和封闭能限制经验，将向往的主题收进来，将试图闯入的主题关在外面。我们都知道需要犹豫多少次才能装好周末的旅行包并将办公室生活的象征物清除出去？在一刹那的犹豫中装进旅行包的一份办公文件就可能毁了整个假期。这里我要引用玛丽安·米尔纳（Marion Milner）关于制定框架的思考：

> ……框架划分了不同种类的现实，使框架内外的现实分开；但是时间-空间的框架划分了一种特殊的精神分析现实……使那被称为转移的创造性的幻想得以成为可能。
>
> （1955）

她在这里讨论的是儿童的分析技能，并提到一些儿童患者收存自己玩具的柜子。柜子就创造了一种时空的框架，使他在从一个阶段过渡到下一个阶段时仍保有连续性。

仪式不仅帮助我们挑选在其中聚精会神的体验。它在执行的层面上也有创造性。一个外在的象征可以神秘地帮助调和头脑和身体。演员的回忆录频繁地记录一些物质象征传达有效力量的个案：演员了解他的角色，他确切地知道自己想要如何阐释角色。但
79 心里明白不见得演得出来。他不断地努力尝试但总是失败。直到有一天他接过一件道具，可能是一顶帽子也可能是一把绿色的雨

伞，有了这个象征，突然之间他的所知所图都在他天衣无缝的表演中被释放出来了。

丁卡牧人在赶回家吃饭时会在路边将一捆草打结，这是推迟的一个象征。他外在地表达了他的希望，即希望做饭的时间能够推迟，等他回来。这个仪式并不带有魔法性质的许诺，说他能赶上晚饭。他也并不因此而在回家的路上闲逛，以为打结的行动足以生效。相反，他会将自己的速度加倍。打结的行为并没有浪费时间，因为它进一步强化了他对及时到家愿望的关注（Lienhardt）。仪式的记忆行为是为大家所熟知的。当我们把手帕打结的时候，我们不是在给自己的记忆施什么法术，而是要把记忆归入外在符号的控制之中。

因此仪式通过建立框架来聚焦注意力，用它激活记忆，并且把相关的过去和现在相连。在这整个过程中，它辅助感知的完成。或许甚至可以说它改变了感知，因为它改变了选择的法则。因此，说仪式帮助我们更加生动地经历那些我们原本要经历的事是不够的。它并不仅仅像视觉辅助那样阐明了打开罐子和柜子的口头指示。如果它只是一种引人注目的地图或是关于已知东西的图表，它就会一直追随经历。但事实上仪式并不扮演这种次一级的角色。它在形成经历的过程中可以先期而至。它能够准许那些否则完全不会被知晓的信息进入。它并不仅仅将经历外在具体化，使它们呈现出来，它还在表达的同时修改它们。语言就是如此。有些思想是语言永远也无法表达出来的。一旦运用语言作为框架，思想就被它所选择用来表述它内涵的语言改变和限制。因此语言创造了一些东西，思想再也不与先前完全一样了。

80 我们没有仪式就无法体验某些事情。在常规序列中发生的事情要求该序列与其他序列在意义上有所关联。没有整个完整的序列,单独的元素就会走失,不能被感觉。例如,一周以内的每一天有着规律的次序,其名称有独特性:除了它们在确认时间分割中的实际价值以外,每一天都有作为一个模式之一部分的含义。每一天都有它自己的重要性,如果有这样一个习惯,即建立特定某一天的身份,那么那些有规律的观察就具有仪式的效果。星期日不仅仅是休息日。它是星期一的前一天,同样星期一也可以这样联系到星期二。事实上,如果由于什么原因我们并没有正式地意识到我们已经过了星期一的话,我们就不能够经历星期二。经历模式的一部分是我们意识到模式中的下一部分的不可或缺的程序。飞机上的乘客能够发现这可以被应用于一天之中的若干小时以及进餐的次序。这就是这样一些象征的例子。这些象征能够在不经意的情况下被接受和阐释。如果我们承认它们能限定经历,那么我们就必须也承认那些在一定次序中有意为之的仪式也可以将此作为它们的重要功能之一。

现在我们可以再次转回到宗教仪式上。涂尔干非常清楚地意识到宗教仪式的作用是创造和控制经验。他主要关注的是宗教仪式是如何向人们展示他们的社会自我并进而创造他们的社会。但是他的想法在经过拉德克利夫-布朗修改后,才被引入到英国的人类学思潮中。有了涂尔干,原始仪式的执行者才不再被看作是表演哑剧的术士。这是在弗雷泽之后的一个显著进步。此外,拉德克利夫-布朗拒绝将宗教仪式和世俗仪式分开——这是另一个进步。马林诺夫斯基描述下的巫师和任何一个挥旗的爱国者或者迷信的撒盐者不再有任何区别，并将这些与罗马天主教禁绝肉类以及中国人在坟上供米饭一样对待。仪式再也不是神秘和奇异的东西了。

通过摒弃神圣和魔法这类词语，拉德克利夫-布朗似乎要在世 81
俗仪式和宗教仪式之间重建连续性。但很不幸的是，这却未能拓宽研究的领域。因为他只想在非常狭窄和特殊的意义上应用“仪式”这个术语。他的意图是要替代涂尔干的神圣崇拜，并将其限制为有意义的社会价值实施(1939)。这种词语限制的初衷本来是要有助于理解，但其结果却导致曲解和混淆。现在我们已经进到一个地步，在人类学家的著述中，仪式已经取代了宗教的位置。它被小心而始终如一地用来指那些关于神圣的象征行为。结果，其他更加普通的没有宗教功效的非神圣仪式不得不被赋予另外的名字，如果人们需要研究它的话。因此，拉德克利夫-布朗用一只手移开了神圣和世俗之间的障碍，又用另一只手把它放回原位。他也未能把涂尔干关于仪式属于知识的社会理论的观点探究到底，反而将它看作是行动理论的一部分，并且不加批判地接受了在他那个时代关于“情感”(sentiments)的流行假设。他说，有共同价值的地方就有表达和关注它们的仪式。透过仪式，那些必需的情感得以产生，并使人们能够坚持扮演自己的角色。生产的禁忌向安达曼(Andaman)岛民展示了婚姻和母道的价值以及生产过程中的生命危险。休战协定签署前的战争舞蹈使安达曼人卸除了他们的进攻性的情感。食物禁忌则向他们灌输了尊敬资历的情感，等等。

这种研究进路徒劳无益。它主要的价值仅仅在于提示我们严肃地看待禁忌，因为它们表达了某种关注。但他没有回答，为什么

食物禁忌、视觉禁忌或触觉禁忌要挑选出特定的食物或视阈或者接触物来避免接触。与迈蒙尼德的想法一样，拉德克利夫-布朗暗示这样的问题是愚蠢的，答案是专断的。更不让人满意的是，我们几乎没有得到多少关于人们关切的问题的线索。很明显，死亡和
82 生产应该算作是被关注的问题。斯利尼瓦斯(Srinivas)受拉德克利夫-布朗的影响，在谈到库尔格人(Coorg)的规避和净化时说道：

> 生产带来的污染要比死亡带来的污染缓和许多。但是在这两种情况下，污染影响的都是相关的亲属，污染还是一种手段，它定义了利害关系并使其为大众所知。
>
> (1952:102)

但是他无法将同样的推理应用于所有的污染之中。关于身体排出物，例如粪便或唾沫，又有怎样的关注可被定义并使每个人了解呢？

最终，当更好的田野调查将人们的理解提升到涂尔干在扶手椅上洞见到的水平时，英国人接受了涂尔干的教导。林哈特(Lienhardt)对丁卡宗教的全部讨论很大程度上致力于展示仪式如何创造和控制经验。在谈到丁卡人在春天干旱时举行的求雨仪式时，他说：

> 丁卡人自己当然知道什么时候雨季将要到来……这一点对于正确理解丁卡人定期举行的典礼中的精髓很重要。在这些仪式中，他们的人类象征行为和着周围自然世界的节拍运

动，用道德的术语重造这种节拍，而不是仅仅试图强迫周围的自然顺从人类的欲望。

林哈特沿着同样的脉络继续探讨为健康的献祭，为和平的献祭，以及为了消除乱伦带来的影响的献祭。最终，他讨论了活埋“鱼叉之王”的葬礼，丁卡人通过这一仪式直面并且战胜了死亡。他一直都坚持强调仪式修正经验的功用，尽管它通常是反溯性的。主祭或许会庄严地否认献祭场合事实上充满争吵和不当行为。这 83
不是一个愤世嫉俗的对祭坛本身做出的伪证。仪式的目的不在于欺骗神明，而是要重新阐明过去的经验。通过仪式和演说，过去的事情被重新陈述，以使本应实现的现实战胜那已经成为的现实，使永久的良好意愿战胜一时的反常。当一个乱伦行为发生时，献祭能够改变乱伦双方共有的血统以便清除他们的罪行。从生殖器开始，祭物被活活地纵向剖成两半。这样一来乱伦双方共有的血统就被象征性地取消了。与之相类似，在求和平的仪式中既有模拟的战争，也有祝福和净化的举动：

看上去没有言语动作足以在外在的物理世界中确认道德的内在意图……事实上象征的行为模仿了整个情境，在其中争斗的双方知道自己既怀有敌意也带有和平的倾向，若非如此，仪式就不会举行。在这情境的象征性再现中，争斗双方根据自己和平的意愿控制着它。通过象征行动中的超越，丁卡人摆脱了唯一的一种实际行动的场景（也就是延续的敌意），即杀人的场景。

后来他又再次(第 291 页)强调这样的观点,即仪式的目的之一就在于控制事态并修正经验。

只有在这样一个观点的基础上,他才能够解释活埋鱼叉之王的献祭仪式。因此,基本的原则是某些与神明建立了紧密联系的人,不能在人们眼前像常人一样死去。

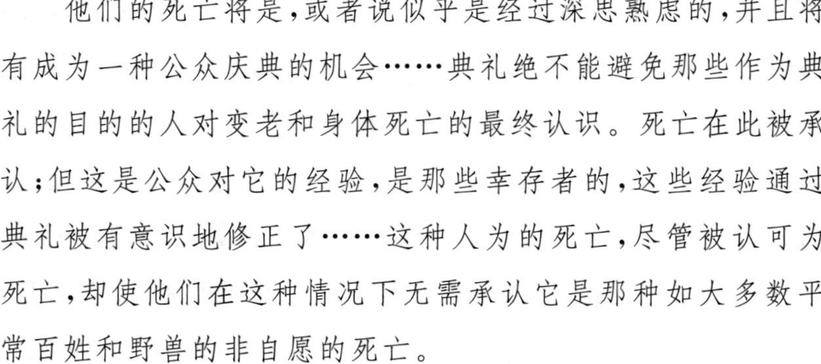

84 他们的死亡将是,或者说似乎是经过深思熟虑的,并且将有成为一种公众庆典的机会……典礼绝不能避免那些作为典礼的目的的人对变老和身体死亡的最终认识。死亡在此被承认;但这是公众对它的经验,是那些幸存者的,这些经验通过典礼被有意识地修正了……这种人为的死亡,尽管被认可为死亡,却使他们在这种情况下无需承认它是那种如大多数平常百姓和野兽的非自愿的死亡。

鱼叉之王不会自杀。他要求一种特殊形式的死亡,这种死亡是他的人民赋予的,是为了人民而不是他自己。如果他想平凡地死去,那么受他保佑的子民的生命也会随他而去。仪式约定的死亡能够将他个人的生命和公众的生命分隔开来。每个人都会感到喜悦,因为在这种情况下社会战胜了死亡。

阅读关于丁卡人对仪式态度的记述,人们会有这样一种感觉,即作者就像是迎着巨浪前进的游泳者。自始至终,他都要将头脑简单的观察者的争论之浪推到一边。这些观察者只看到仪式的阿拉丁与神灯这样的表面价值。丁卡人当然希望他们求雨的仪式能够带来雨水,康复的仪式能够逆转死亡,丰收仪式能够生产庄稼。

但是工具性的功效并不是他们象征行为的唯一功效。其他种类的功效存在于行为自身之中，存在于行为的主张以及带有行为烙印的经验之中。

一旦我们有力地说明了丁卡人的宗教经验，就不能逃避其真相。我们甚至可以更加充分地将其应用于我们自身。首先，我们应当允许这样一个事实的存在，即我们宗教行为中的极少部分是
在宗教的场景中实现的。丁卡文化是统一的。既然他们所有的主 85
要经历背景都是交叠和相互贯通的，他们所有的经验几乎都是宗教的，所以他们最重要的仪式也必然是宗教的。但我们的经验却发生于分散的地方，我们的仪式也是如此。因此，我们必须把我们城镇中的春季制帽(spring millinery)和春季清扫看成是与斯瓦希人(Swazi)[①]的初熟果仪式(first fruit rituals)一样可以聚焦和控制经验的重建仪式。

当我们从这个角度诚恳地反观我们自己的擦洗和清扫活动时，我们知道这并不是以防病为主的。我们在分割，建立分界线，对家做出可见的陈述。这个家是我们打算从物质状态的房子里创造出来的。如果我们将浴室的清洗材料和厨房的清洗材料分开放置，并且让男人用楼下卫生间女人用楼上的卫生间，那么我们做的这些事情在本质上和布须曼妇女到达新营地时的表现是一样的(Marshall Thomas，p.41)。她选择在哪里生火，就在那地方竖一根棍子。这就给火定了方位，并且有了左右之分。家屋就此分成了男性区域和女性区域。

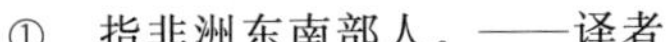

① 指非洲东南部人。——译者

我们现代人在许多不同的领域里运作象征行为。对布须曼人、丁卡人以及其他原始文明来说，象征行为的领域只有一个。他们分隔和整理得到的一致和统一不仅仅是一个家屋，而是整个宇宙，在那里所有的经验都是有序的。我们和布须曼人都通过对危险的恐惧来证明我们的污染规避是理所应当的。他们相信如果一个男人坐在女性区域那边，他的男性特点就会被削弱。我们害怕病原体通过微生物传播。我们通常会运用卫生学来证明自己的规避行为是合理的，但那纯粹只是幻想。我们之间的不同并不是我们的行为基于科学，而他们的行为只是基于象征。我们的行为也带有象征的含义。真正的区别是我们从一个场景带到下一个场景中的并非是同样系列的不断增强的象征：我们的经验是片段性的。我们的仪式创造了很多小世界，它们之间是不相关的。他们的仪
86 式创造了一个单独的象征性的一致的宇宙。在接下来的两章中，我们将向大家展示当仪式和政治需要自由地协同工作时会产生什么样的宇宙。

现在回到功效的问题上。莫斯曾经谈到原始社会用自制的魔法假币来回报自己。货币的隐喻极好地概括了我们针对仪式想要声明的东西。货币给那些原本可能混乱、矛盾的行动提供了一个固定的、外部的、公认的符号；仪式给内部状态提供了可见的外部符号。货币是交易的媒介；仪式是经验的媒介，这其中包括社会经验。货币提供了一个衡量价值的标准；仪式将情境标准化，并且帮助对它们进行估价。货币连接了现在与未来，仪式也一样。我们越多地反思这个隐喻的丰富内涵，就越发清楚地发现它不是隐喻。货币只是一种极端化和特殊化的仪式。

莫斯的谬误在于将魔法与假币相比。只有当公众对货币有信心时它才能发挥强化经济互动的作用。如果对货币的信任被动摇了，那么流通也就失效了。仪式也是如此，它的象征只在它受信赖时才能有效。从这种意义上说，一切货币，无论是真的还是假的，都要靠信赖的把戏。货币的检验标准是它是否可以被接受。世界上没有真正意义上的假币，只是它不如另一种货币更加通用和被人接受。因此，只要它还能得到人们的赞同，原始的仪式就是真钱而非假币。

值得注意的是，金钱只有得到公众对它的信任性反馈时才能够产生经济活动。那么仪式呢？对仪式象征力量的信心能够产生什么样的效力呢？通过与货币制度的类比，我们可以重新提出魔法效力的问题。有两种可能的观点：要么魔法的力量是纯粹的幻想，要么不是。如果它不是幻想，那么象征就有能力产生变化。除 87
了奇迹，这样一种力量只能够在两个层面上起作用，即个人心理和社会生活。我们十分清楚象征在社会生活中具有力量。货币的类推为此提供了一个例证。但是银行利率与萨满治疗类似吗？精神分析学家主张通过操纵象征来进行治疗。那么面对潜意识与原始的中邪和除邪有关系吗？现在我要引用两个杰出的研究，它们必能打消一切过时的怀疑。

一个是特纳对萨满教治疗的分析，我简短地概括为“一个实践中的恩丹布医生”(Turner 1964)。治疗的技术是著名的拔罐放血疗法和从病人身上拔一颗牙下来。症状是心悸、背部剧痛以及几乎丧失能力的虚弱。病人还确信其他的村民反感他，于是就完完全全从社会生活中退了出去。因此，这是一种生理和心理交织在一起的困扰。医生着手探究关于村庄过去历史的每件事情，并召开了一次集会，在会上他鼓励每个人谈论他们对病人不满意的地方，病人也发泄出自己的委屈。最终，拔罐放血治疗戏剧性地使整个村庄都沉浸在一种期待的危机之中，当牙从流着血的不省人事的病人口中拔出时，那期待的危机在亢奋中爆发。他们高兴地祝贺病人苏醒，也祝贺自己，因为这其中他们也有份。他们是有理由高兴的，因为这漫长的治疗揭示了村子里主要的不安来源。在未来，病人能够在他们的事务中扮演一个可接受的角色。不和谐的元素已经找出，并立即永远地离开了村庄。社会结构被分析和重新安排，摩擦因此而暂时减少。

这个引人入胜的研究展示给我们的是巧妙的集体治疗。村民的诽谤和嫉妒由病人体内的牙齿作为它们的象征，这些诽谤和嫉
88 妒在狂热和团结的浪潮中被消融。病人的生理疾患被治愈了，而村民的社会不适也被治愈了。这些象征在精神和身体的层面上对中心人物即病人起作用，在普遍的心理层面上对村民起作用，改变他们的态度，在社会学层面上村庄的社会地位模式被正式地改变了，治疗的结果是一些人被包括进来，而另一些人则被排除在外。

特纳如此总结道：

> 剥掉它的超自然伪装，恩丹布疗法足可以为西方的临床实践提供指导和帮助。因为如果与精神病患者同处一个社会网络的所有人能够聚在一起，公开地坦陈他们对患者的憎恶并且能够反过来忍耐患者对他表现出来的不满，那么很多深受精神疾患之苦的病人或许会减轻痛苦。但很可能的是，除

> 了仪式对这种行为的支持以及对医生神秘力量的信任之外，别的什么都无法带来这样的谦卑，并且使人们能够向他们痛苦中的邻人展示自己的慈悲。

这个对萨满治疗的记述指向了对社会情境的操纵，它是其功效的来源。另一个具有启迪性的研究针对的不是社会情境，而是象征对病患者精神的直接力量。列维-斯特劳斯(1949 & 1958)曾经分析过库纳(Cuna)萨满的一首歌曲，这首歌在女人生产过程中被吟唱，这样可以减轻生产之苦。医生不触碰患者。咒语通过吟诵就具有效力。歌的开头叙述了接生婆的困难以及她向萨满巫师的求助。接着萨满巫师领着一队保护精灵走向母(Muu)屋(在歌中)。这是负责胎儿的力量。它捕获了患者的灵魂。歌中描述了萨满巫师一行人的寻求、遇阻和危险，直到他们与母和她的同盟交 89
战并最终取得了胜利。一旦母被战胜并释放了被俘的灵魂，临产的女人终于生下了孩子，歌就结束了。这首歌有意思的地方在于萨满巫师去往母征程上的标志就是怀孕妇女的阴道和子宫，就是在那深处，巫师最终胜利地为待产的女人而战。通过重复以及细微的细节描写，歌曲迫使病人专心于自己生产问题的详细描述。从某种意义上说，病人的身体和内部器官是故事情节发生的剧院，但是把问题转化为一趟危险的旅程以及与宇宙力量的战斗，在身体竞技场和宇宙竞技场之间来回穿梭，萨满巫师就能够强加他本人对该病情的看法。病人的恐惧聚焦在虚构的对手的力量上，她对康复的希望固定在萨满巫师等一队人的力量和智谋上。

> 这种治疗方法在于能制造一个可想象的感情情境;它能使头脑接受身体拒绝承受的痛苦。萨满巫师的神话与客观现实不相符并不重要:病人相信它就行。保护力量和怀有恶意的力量,超自然的怪物和有魔力的动物组成了一致系统的一部分,这个系统是当地人对宇宙观念的基础。病人接受它们,或者说她从未怀疑过它们。她不接受的是这不连贯和专断的疼痛,这是她体系中侵入性的元素。通过对神话的运用,萨满巫师将其置于一个统一的计划之中,一切事物都属于其中。而病人在理解了之后就不再退缩:她的状况会变好。

与特纳一样,列维-斯特劳斯在他的研究的结论中也提出与精神分析有关的建议。

90 这些例子应该足可以动摇那对原始宗教信仰过于自满的蔑视。不是荒谬的阿里巴巴,而是具有权威的弗洛伊德(Freud)成为了欣赏原始仪式执行者的模范。仪式的确具有创造性。它比神话故事中奇异的洞穴和宫殿更为奇妙。原始仪式的魔法创造了和谐的世界。不同等级和次序的人在这个世界中扮演着自己被指定的角色。原始魔法远非毫无意义,正相反,它赋予存在以意义。负面仪式和正面仪式都一样。那些禁令描画了宇宙的轮廓和理想的社会秩序。

第五章　原始世界 91

“海葵到底拥有什么样的特征？”乔治·艾略特（George Eliot）发问，“以至于使它越出了植物学家的研究范围，而归入了动物学家的研究领域呢？”

对我们来说，物种间模糊的区别不过是刺激了文人们的雅致思考。而对《利未记》来说，岩獾或叫叙利亚蹄兔是不洁净的，而且是令人憎恶的。当然，它确实不正常。它看上去就像一只没有耳朵的兔子，具有像犀牛一样的牙齿和像大象一样的小蹄趾。但它的存在并没有对我们的文化结构产生威胁以至于使我们感到它将摇摇欲坠。既然我们已经认同并肯定我们共同的祖先是类人猿，那么在动物分类学领域中就不再有什么能使我们惊诧。这就是为什么宇宙污染（cosmic pollution）对我们来说比社会污染更加难以理解，因为社会污染是我们每个人都有的经历。

在我们自己的视角与原始文化的立场之间，存在着差异。长期以来，我们一直淡化这一差异。这构成另外一个难题。“我们”
与“他们”之间真正的差异被刻意忽视，甚至“原始”这个词也很少 92
使用。然而，如果我们不能够面对“为什么原始文化是有污染倾向的，而我们的却不是”这一问题，我们对仪式性污染的研究便不会取得任何进展。对于我们来说，污染仅仅关乎审美、卫生或礼仪，只有在它可能引起社会困窘时，才会变成一个严肃的问题。对它的制裁也都是社会性的：蔑视、放逐、闲话，甚至招致警察的干涉。但在另一类较大的人类社会群体中，污染的影响范围却更加广泛。严重的污染就是宗教性的冒犯。这种差异的基础是什么？我们无法回避这个问题，而且必须尝试在原始与现代两种类型的文化之间寻求一种客观的和可证实的区别。或许盎格鲁-撒克逊人更热衷于强调我们对共同人性的意识。我们觉得在“原始”这个词中有着不敬的含义，因此我们尽量避免使用它和与它有关的整个主题。如果不是那些有阅历的西非朋友强烈反对与赤裸的火地岛人和土著人在同一个题目下相提并论，赫斯科维奇（Herskovits）教授何必要把《原始经济》（*Primitive Ewnomics*）第二版改名为《经济人类学》（*Economic Anthropology*）呢？这也许是人

116 们对早期人类学拨乱反正的一部分；也许是因为“野蛮人遵守禁忌，文明人不遵守禁忌”之类的情况并不能把这二者截然分开（Rose 1926，p.111）”如果有人看了下面一段话大摇其头，以示反感，那也不足为奇。尽管我知道实际上没什么人会真的把它当一回事。

> 我们知道，当今原始人的智力装备与现代文明人截然不同。原始人的头脑不完整，不连续，更缺少“完形的模式”。荣格（Jung）教授曾告诉过我，他在非洲丛林中旅行的过程中，注意到当地导游的眼球是何等地游移不定：不像欧洲人那样全神贯注，而是强烈地躁动不安，似乎随时都会遭遇危险。那样
> 93 的眼部运动只能是某种心理警觉加上迅速变换的想象的结

> 果。这使得推论式思维、细致思考和比较权衡无从谈起。
>
> (H. Read,1955)

如果这出自一位心理学教授之手,那可能还有着重要意义,但它不是。我怀疑人们在专业术语中尽量微妙地避开“原始”这个词,正是私下里确信自己的优势的结果。体质人类学家也有相似的问题。当他们试图用“民族”替代“种族”这个词时(见:《当代人类学》(*Current Anthropology*,1964),术语难题并没有妨碍他们对人类的不同形态进行区分和归类。但社会人类学家们已经到了避免思考人类文化之间重要差别的程度,这就严重地阻碍了他们自己的工作,因此我们有必要提出为什么“原始”一词会意味着轻蔑。

我们在英格兰碰到的困难,有一部分与列维-布留尔(Levy-Bruhl)有关。他率先提出了关于“原始文化”及其“作为一个类别的独特性”的重要问题,他有意地批判他那个时代的英国人,特别是弗雷泽。此后,列维-布留尔本人就成了众矢之的。大多数关于比较宗教研究的教材都强调他所犯的错误,而对于他所提问题的价值却只字不提(例如:F.Bartlett,1923,pp.283－284;P.Radin,1956,pp.230－231)。在我来看,他不应被如此冷落。

列维-布留尔致力于证明并解释一种特殊的思想模式。他从一种明显吊诡的观点所引出的问题入手(1922)。一方面,很多报道言之凿凿地说爱斯基摩人或布须曼人(或其他诸如此类的猎人和采集者、原始耕作者或牧人)有着高水平的智能;另一方面,又有 94
一些报道证明,在他们推理思考中的跳跃以及对事件的解释显示出，他们的想法与我们的想法遵循着完全不同的路径。他坚持认为，这些原始民族对推理思考的所谓嫌恶，并不是由于智力方面的无能，而是由于对某些相关标准的高度选择性，这使他们产生了一种“对于那些与使之感兴趣的事物毫无关系之事物的无比冷漠”。那么，问题就在于发现选择和联合的法则——正是这些法则使得原始文化偏爱于那些以遥远的、无形的神秘机制来措辞的解释，而对一系列事件之间的直接联系环带则缺乏好奇心。有时，列维-布留尔似乎是从个人心理学角度来提出他的问题，但是很明显，他首先把它看作是一个文化比较的问题，只有在个人的心理被周围的文化氛围所影响的情况下，这才成为一个心理学问题。他对“集体表象”(collective representations)很感兴趣，因为那是标准化了的假设和分类，而不是个人的意愿。正是在这一点上，他对泰勒和弗雷泽进行了批判，因为他们试图根据个人心理来解释古代信仰。他本身所遵循的，是涂尔干的理论，把集体表象看成社会现象，看成与社会制度相关的思想共同模式。在这里，他无疑是正确的。但因为他将自己的精力更多地投入到大量的文献罗列，而不是投入到分析中，所以他就无法展开自己的见解。

埃文思-普里查德曾说，列维-布留尔本应该做的事是去检验社会结构的种种变异，并把它们与思维模式的相应变化联系起来。但他却止步于表达“当与我们自己的思维模式相比较时，所有的原始人都呈现出统一的思维模式”这一观点。因此，他似乎使原始文化表现得比它们本身更神秘，而使文明化了的思维表现得比它们本身更理性。这一点使他日后受到了公开批判(埃文思-普里查德，《列维-布留尔的原始心智理论》(*Levy-Bruhl's Theory of*

Primitive Mentality)。埃文思-普里查德可能是第一个满怀同情 95
地倾听列维-布留尔的人，而且还把自己研究的注意力集中在把列维-布留尔的问题转到更有成效的领域内，这一领域却与列维-布留尔失之交臂。埃文思-普里查德对阿赞德人信仰巫术的分析恰恰是属于这种类型。这是描述了一组特殊的集体表象，并合理地将它们与社会机制联系在一起的最早研究(1937)。现今的许多研究已经使这最初的“犁沟”有了相应的“垄线”，从英格兰到美国，已经出现了一个对宗教进行社会学分析的巨大团体，并在涂尔干的洞察力基础上取得了可观的成就。我说这个洞察力是涂尔干的，而不是列维-布留尔的，是经过深思熟虑的。列维-布留尔对这个问题贡献了自己独到的看法，他因此赢得了批评者们公正的评判。将原始思维与理性思维做比较是他的主张，而不是依附于大师们对此问题所勾勒的轮廓而行。如果他一直停留在涂尔干对待此问题的观点上，他就不会被带到在神秘思想与科学思想之间做出混乱的比较的境地，而是会去对原始社会结构与复杂的现代社会结构进行比较。果真如此，或许就能对阐明有机团结与机械团结之间的区别有所贡献。涂尔干认为，这两种社会组织类型决定了不同信仰之间的区别。

列维-布留尔之后，英格兰的普遍趋势，是把每一种文化都从整体上视为自成其类的(sui generic)、独特的且或多或少地对一种特殊环境的成功适应来加以研究(见：Beattie 1960，p.83，1964，p.272)。这使得埃文思-普里查德关于列维-布留尔的原始文化比它们实际上更加统一的批判更难以奏效。但今天再次提出这个问题大有必要。只有把那种能使污染的观点大行其道的一系列文化与另一种根本不相信污染的文化（包括我们自己的文化）区分开，我们才能理解“神圣的污染”。《旧约》学者们通过将以色列文化与各种原始文化的大胆比较，做出了十分生动的诠释。弗洛伊德以
96 后的心理分析学家们、卡西尔以后的形而上学论者们，也没有躲避对我们目前的文明社会与其他相异的社会进行整体比较。同样，如果没有这种整体上的区分，人类学家也将无法开展工作。

进行比较研究的正确基础是坚持人类经验的一致性，同时也要坚持它的多样性及其差别。这些差别使得比较更有意义。这样做的唯一途径就是去认识历史进步的性质、原始社会的性质和现代社会的性质。进步意味着分化。因此原始就意味着未分化，现代就意味着已分化。技术的先进牵涉到每个领域的分化，既有技术和材料的分化，也有生产和政治角色的分化。

理论上，我们可以构建一个大致的梯度，那些不同的经济系统处在这一梯度的不同位置上，依据就是其经济制度的发展程度。在最无差别的经济体系中，生产系统担任的角色并不是由市场因素所支配，而且市场中没有很多专业的劳动者或技工。一个人从事他所做的工作就是在部分地履行着他的角色，例如儿子、兄弟或一家之主。分配也是遵循着同样的过程。因为没有劳动力交换，所以没有超级市场。个体根据他们的成员资格、年龄、性别、资历和他们彼此间的相互关系，从社区的产品之中获取份额。地位的模式由义务性的“礼物制造”刻画出来，财富的拥有权则沿着这些刻痕而流动。

不幸的是，对于经济比较来说，有很多小规模的基于原始技术的社会并不是按照这个方式，而是按照市场竞争的规则组织起来

的(见:Pospisil)。然而,政治领域的发展却将它带入了一种我要在此介绍的令人满意的模式。在多数的小规模社会类型中,并没有任何专业化的政治制度。在这些社会中,历史进步的标志是各种司法、军事、警力、议会和官僚政治机构的进步。因此,要想追溯 97
内部分化对社会机构的作用与意义就相当容易了。

在其表面,我们可以在智力领域内发现相同的进程。如果说在思维观念领域没有一个可比的运动,制度就不太可能分化与扩展。我们知道那确实不会发生。巨大的发展步伐使得坦噶尼喀(Tanganyikan)森林中的海札人(Hadza)——他们计数从来超不过四——的历史发展与西非地区分离开来,西非地区的人通过数以千计的贝壳来计算罚金和税金已有数百年。我们中那些仍然没有精通现代通信技术(例如数学语言或计算机语言)的人可以把自己归入海札人一类,然后与那些精通此类技能的人相比较。我们清楚地知道,我们自身文明社会中教育的主旨以精细的知识点的形式存在。很明显,对特殊的专业知识与教育的需求创造了各种文化环境,在这些环境中,某些种类的思想繁荣起来,其他种类却不能。思想模式的差别总是伴随着不同的社会环境。

从这一基础出发,我们应该能坦率地说,在思维观念的领域内存在很多分化了的思想体系,它们与没有分化的思想体系产生对比,仅此而已。不过,陷阱恰恰就在这里。有什么东西可以比多贡(Dogon)、澳大利亚的穆林巴塔(Murinbata)、萨摩亚群岛地区,或西普韦布洛的霍皮人(Hopi)[①]的宇宙哲学更复杂多变、更详尽细

① 美国亚利桑那州东南部印第安村庄居民。——译者

致呢？我们所寻求的标准并不是在思维观念上精细和纯粹的复杂含义。

思想体系里的相关分化只有一种，它能提供一种标准，我们可以把它同等地应用于不同的文化和我们自身的科学观念的历史中。那种标准基于康德哲学的法则，即只有当思想从其自身的主观条件禁锢中解放出来时才能取得进步。第一场哥白尼式
98 革命——太阳围绕地球旋转只不过是人类的主观观念——被持续地更新。在我们自己的文化中，首先是数学，然后是逻辑学，而后又是历史、语言和思想过程本身，直至关于我们自身和社会的知识都成了从头脑的主观禁锢中解放出来的知识领域。等到社会学、人类学和心理学都达到在其中成为可能的程度时，我们自己的文化类型就需要与其他缺乏自我意识和缺乏追求客观现实意识的社会加以区分了。

雷丁(Radin)通过有利于阐明这一观点的线路来解释温内巴戈(Winnebago)印第安人的“把戏鬼”(Triskster)神话。这个神话是对德日进(Teilhard de Chardin)主题的原始仿效，即进化的运动始终向着复杂程度与自我意识的增长方向发展。

在先前最简单的无分化条件下，这些印第安人生活得很有技巧、很经济，也很有政治策略。他们的神话包含着他们对分化这个主题的深刻思考。把戏鬼的神话以一个没有自我意识、没有确定形态的存在为开端。随着故事继续展开，他逐渐地发现了自己的身份，逐渐地了解并且支配自己的生理部位：他在男性与女性之间摇摆不定，但最终认定了自己的男性角色，并最终学会了判断他周围的事物。雷丁在前言中说道：

> 他缺乏任何有意识的意愿。他总是在无法控制的冲动下行动，……他受自己的激情和食欲支配……不具有确定或清晰的形态……基本上是一个无序和无确定形态的存在，一个状如人形的模糊影像。在这个故事中，他把肠子和相同长度的阴茎缠绕在他身体周围，阴茎的顶端是他的阴囊。

他奇异冒险经历中的两个例子可以阐明这个主题。把戏鬼杀 99
死了一头野牛，右手拿着一把刀：

> 正在操刀的时候，他的左臂突然抓住了野牛。右臂却喊道："把它还给我，那是我的！住手，不然我就用刀砍你了！"右臂接着说："我要把你剁成碎片。你等着瞧。"左臂于是松了手，但不久又抓住了右臂……这样一次又一次地重复着。在这件事中，把戏鬼确实使他的两只手臂相互"争吵"，不久争吵演变成恶意的争斗，左臂被严重地斫伤。

在另一个故事中，把戏鬼把他的肛门看成是可以独立工作的能动者和盟友。他杀死了一些鸭子，在睡觉前让他的肛门看着这些鸭肉。当他入睡后，来了几只狐狸：

> 当狐狸走近时，大大地出乎它们的意料，不知从哪儿排出了一些气体，"噗"的一声。"小心，他一定还醒着。"因此狐狸们都退了回去。过了一会儿，一只狐狸说："嗯，我想他又睡着了，刚才一定是个诡计，他经常要些诡计。"因此它们又跑了回

> 来，来来回回进行了三次……气体排出的声音越来越大，“噗！”“噗！”“噗！”然而它们没有跑开，相反已经开始吃那一块块的烤鸭肉了。

当把戏鬼醒来发现鸭肉不见时：

> ……“哦，又是你，你这卑劣的东西，你都做了些什么呀？
> 100 我不是告诉你看着火的么？你应该记着的！作为你失职的惩罚，我要烧你的口让你再也用不了它！”因此他拿了一根燃烧着的木头，把自己的肛门烫了……接着对自己造成的伤痛一阵大叫。

把戏鬼一开始是以一个孤立的、非道德的且是没有自我意识的、笨拙的、无用的、似动物的小丑的形式出现。在许多其他的情节中，他的身体器官被修整并且放到更恰当的位置，这使他最终看上去像一个人。同时，他开始拥有一系列更稳固的社会关系，而且开始在艰苦的自然环境中学习经验教训。在其中一个重要的情节中，他把一棵树误认为一个人，而且就像回应一个人一样回应它，直到最后他发现那只是一个无生命物体，因此他逐渐学会了其存在的功用与局限性。

我引用这个神话作为对这一过程的富有诗意的陈述。这个过程导致了从文化的早期阶段到当代文明阶段的多方面的分化。这种文化的最初类型并非列维-布留尔错误指称的前逻辑式的（pre-logical），而是前哥白尼式的（pre-Copernican）。世界围绕着观察者而运转，而观察者试图去解释他的经历体验。逐渐地，他把自己从周围环境中分离出来，并且认识到了他真正的局限性与力量。总而言之，前哥白尼式的世界是人格化的。把戏鬼不加区别地对着生物、物件还有物件的某个部分说话，好像这些都是有生命有智能的东西。这种人格化的世界就是列维-布留尔所描述的那种世界，同时也是泰勒的原始文化和马雷特（Marett）的万物有灵论文化，也是卡西尔的神话学思想。

在下面几页中，我将尽我所能对原始文化和把戏鬼神话的早期情节进行类比，尽力呈现出界定原始世界观的那种无分化性。
我还会对若干想法逐步展开，借以说明原始世界观是主观和人格 101
化的，不同的存在方式是混淆的，人类对自身存在的局限性是无知的。这就是被泰勒和弗雷泽所接受的原始文化的观念，它引出了原始心智的问题。接下来，我会尽力给大家展示出这种方法是怎样歪曲事实的。

首先，这种世界观是以人为中心的，意思是人们对事件的各种解释都是以好运或厄运的概念来表达的，其中隐含着主观的以自我为中心的想法。在这样的世界里，种种基本的能力都与个人紧紧相连，以至于我们不能够谈及外在的、实际的周围环境。每个个体都在其内部携带着与宇宙紧密相连的纽带，以至于他自己就像磁场中心一样。所有事件都能够以他的存在来解释：他是谁，在做什么，曾经做过什么。在这个世界中，瑟伯（Thurber）童话故事中的国王抱怨下落的流星是向他自己砸过来的，还有约拿（Jonah）自愿去坦白他就是导致暴风雨的原因，这都是可以说得通的。在这里，最为显著的一点并不在于人们认为世界的运转是由灵界存在还是非人格力量所支配的。这几乎都是不相关的。甚至完全非人格的力量都被认作是直接与个人的行为有关。

这种人类中心力量(anthropocentric powers)信仰的一个恰当例子就是昆·布须曼人的恩欧(N!ow)信仰。至少在贝楚纳兰(Bechuanaland)的尼埃-尼埃(Nyae-Nyae)地区,恩欧被认为是气候变化的力。恩欧是一种非人格、非道德的力量,确定地说,它是一种事物而不是一个人。当一个有着特定本质构成成分的猎人杀死动物,并且这个动物在它自身构成中也拥有同样的成分时,恩欧便会释放出来。理论上,任何时候的实际气候要由不同猎人与不同动物的复杂的相互影响所决定(Marshall)。这种假设很有吸引力,任何人都会认为那一定是在智性上令人满意的,因为这一观点在理论上可能被证实,然而却没有任何认真的测试可行。

102 为了进一步阐明人类中心社会的特征,我引用了坦佩尔斯(Placide Tempels)神父所讲述的鲁巴(Lumba)哲学体系。他根据所熟悉的鲁巴人思想中的知识,以非常权威的态度应用到了全部班图人(Bantu)身上,因而受到批评。但是我认为,在一个较为广泛的范围内,他关于班图人的“生命力量”的观点不仅能够应用于所有的班图人,甚至还可以更加广泛。它很可能应用于我正努力探求的整个思维范畴,而这与欧美现代文化的分化思维截然不同。

他说,鲁巴人所创造的宇宙是以人为中心的(第 43－45 页)。其中的三种生命力的因果关系是:

1.一个人(活着或死亡的)可以直接地增强或减弱另一个人的存在(或力量);

2.一个人的生命活力可以直接影响较为低级的力量存在(动

物、植物或矿物)；

3.一个有理性的存在(幽灵、死亡的或活着的人)可以通过传递它的生命力给一种作为媒介的下级力量，来间接对另一个理性的存在起作用。

当然，以人类为中心的宇宙观有许多不同的形式。人们怎样影响其他人的这种思想一定会不可避免地反映政治现实，因此我们最终会发现，这些对以人类为中心来对环境进行支配的信仰会根据政治体系的主要趋势改变(见第六章)。有些信仰认为，所有的人都是同样地置身于这个宇宙之中，而其他一些信仰认为，某些被拣选的人拥有特殊的宇宙力量。但是，在通常的情况下，我们可以将这两种信仰区别开来。有些关于命运的信仰被认为是普遍适用于所有人的。在荷马文学的文化中，并不是某些特定的杰出人物的命运才被神祇所关注，而是所有人，每个人，他们的命运都和其他人命运的好坏交织在一起，都在神祇的掌控之内。举一个当 103
代的例子，今天的印度教就像其几个世纪以来一直教导的那样：每一个人，在他出生时的行星会合能够反映出许多他的命运的好坏来。占星术适用于每个人。在这两个例子中，虽然占卜者可以预示人的未来，但是人却没有办法完全改变未来，而只能稍微减弱一点危害程度、推迟它的发生、放弃那些没有希望的愿望，或小心留意他人生道路上的各种机会。

其他关于个人命运与宇宙联系在一起的方式的观点或许更容易理解。现今西非的许多地区，人们都认为人拥有复杂的人格，其中各组成部分就像独立的人一样行动。人格中的一个部分在他出生前就预言了他的整个生命过程。出生以后，即使个人在某个已经预言命运与他作对的领域奋斗，他的努力也是白费。占卜者可以判断出这种预言了的命运就是他失败的原因，因此能够对他出生以前的选择进行驱邪。西非的不同社会里对人们不得不考虑的“前定的失败”性质有着种种看法。加纳内陆的塔伦西人（Tallensi）认为，具有自主意识的人格是令人可亲但没有竞争力的。在他出生前预言他命运的无意识元素，很容易被认为是过于激进和有对抗性的，从而使他在一个地位受控制的体系中不合时宜。与之相对的是尼日尔三角洲地区的伊乔人（Ijo），他们的社会组织是流动和富于竞争性的。在他们看来，自我的意识成分充满着争斗，以及对竞争和胜过其他人的渴望。在这个情况下，注定要失败的是无意识的自我，因为它选择了不为人知与稳定安宁。占卜可以发现人的内心目标之间的不符，而仪式能将其纠正（Fortes 1959；Horton 1961）。

这些例子指出了人格化的世界观中缺少的另一种区分。在上面的论述中，我们看到人们并没有明确地以单独的方式来对物质的环境进行考虑，而是将其与人们自身的福祉联系在了一起。现
104 在我们能够发现，自我并不是作为一个能动者而被清楚地区分出来，其自治的范围和界限并没有被界定。所以，从个体理念的角度来看——这并不是从自然出发，而是从人本身出发——在互补的意义上，宇宙是自我的互补部分。

塔伦西人和伊乔人关于自我人格中的多重冲突的理念，看上去比荷马的希腊理念有更强的分化。在这些西非文化之中，充满效力的“命运之语”由个体自身的一部分表达出来。一旦知道自己曾经做过什么，他就能背弃原来的选择。而在古希腊，自我则被看

作是外在力量的被动牺牲品。

> 在荷马史诗中，我们会惊异地发现这样一个事实，就是荷马笔下的英雄们尽管有着巨大的力量和过人的壮举，却每时每刻都感觉自己只是其他力量掌控之下的被动工具，或是牺牲品，而不是自由的存在……一个人会觉得无法控制自己的情感。一个想法、一种情感、一股冲动涌上心头，他则做出相应的反应，不是欢喜，就是哀恸。有的神祇赋予了他灵感，有的神祇则蒙住了他的双眼。他财运亨通，然后却一贫如洗，甚至沦为奴隶；他身染重病，形容憔悴，或是在沙场上一命呜呼。这都是神祇前定的，他所得之份很早之前就已经设立好了。先知或占卜者也许会提前发现，普通人会知晓一点点征兆，而且只有当他的长矛刺中目标或者敌方得胜的时候，他才会看到这个征兆，并下结论说宙斯为他和他的战友们定下的是失败。他不会继续战斗，而是逃之夭夭。
>
> （Onians，1951，p.302）

丁卡人居住在苏丹，过着畜牧的生活。据说，他们并不将自我作为一个独立的行为来源或是反应来源。他们并不考虑这一事实，即他们自己也会怀着负罪感和焦虑做出反应，而且这些感觉会导致其他的心理状态。自我的行为受到情感的支配，但是他们却将其归因于那些能够招致各种不幸的“外在力量”或“属灵存在”的 105
作用。所以，为了解释“自我内部的互动”这一复杂现实，丁卡人使自己眼中的宇宙充满了危险的“自我的人格延伸物”。这几乎与荣

格对原始社会世界观的描述如出一辙。荣格说道：

> 我们现在认为自己的心情存在着不计其数且不可分割的组成部分，其实它们都以深远而广泛的投射方式欢快地指向原始一方。
>
> （第 74 页）

我再举一个例子，可以反映在这个世界中，所有的人都被视为与宇宙有着人格化的联系。目的是让大家看到，关于这种联系的观念是何等多样。中国文化在宇宙和谐理念的主导之下。如果一个人能够使自己处于一个特殊的位置，足以确保获得最为和谐的关系，就能指望得到好运气。如果缺乏这种关系的话，就可能导致不幸。如果他的房子和他祖先的坟墓坐落在好位置的话，“风水”——水与气所产生的影响——就会给他带来好运气。专业的风水师能够占卜出某人遭遇不幸的原因，还能重新将他的房子或者祖坟做一个调整，以取得更好的效果。斐利民（Freedman）博士在他即将出版的一本著作中指出，在中国文化里，看风水与祖先崇拜一样，都占据着很重要的位置。一个人通过对风水的把握而能够掌控的财富没有什么道德含义，但它最终还是要符合“善有善报”这个“上天所定”的思想体系。这样看来，整个宇宙最终被诠释为其细致入微的活动与每个人的生命紧密地联系在一起。有的人在对风水的处理上比别的人要成功，就像有的希腊人被赋予了比别人辉煌的命运，或是有的西非人被预言有更加成功的命运。

106 有的时候，只是带上标记的人才重要，而不是所有的人。这些

被标记出来的人所到之处都能吸引那些不如他们的人，无论他们要成大事还是作大恶。对于大街上的芸芸众生来说，实际的问题是要研究他周围的人，以找出他们当中要躲避或是跟从的人。

在迄今为止我们已经提到的所有宇宙观中，人们都认为命运是被他们自身承载的或其他存在的力量所影响。似乎宇宙被收纳到人的身上。它变化着的能量贯穿于个体的生命之中，所以如果不是因为这些人格化的联结的话，暴风雨、疾病、枯萎或干旱等就不会发生。宇宙是以人为中心的，我们必须参照人才能阐释宇宙。

然而还有另外一个意义，可以把原始的无分化的世界观描述为人格化的。人本质上来说并不是事物。他们有意愿和智力。他们以这些意愿去爱、去恨、去怀着情感做出回应；他们以这些智力阐释各种讯号。但是在这种世界里——我正在拿它与我们自己的世界观比较——事物并不是与人明显地区分开来的。特定种类的行为是人与人之间关系的特征。首先，在讲话、手势、仪式、礼物等等中，人们通过象征符号来相互交流。其次，他们会对道德的情境做出反应。然而，无论宇宙力量是如何以非人格化的形式来定义的，只要这种力量似乎在对一种人与人式的作用发出回应，它们作为事物的性质就不会完全与它们的人格区分开来。它们或许并不是人，但也不是完全的事物。

这里有一个陷阱要加以避免。对于天真的观察者来说，对事物进行讨论的一些方式似乎暗示着这些事物的人格化。从纯粹语言学上的区别或混淆中，未必能推断出关于信仰的东西。例如，当某个来自火星的人类学家无意中听到一名英国水管工向他的帮手

问及电源的插头和插座[①]的时候,或许会得出错误的理解。为了
107 避免落进语言的陷阱中,我将自己对这类行为的兴趣只限制在一种行为之内,这种行为应该能够从所谓的非人格力量中得出答案。

尼埃-尼埃的布须曼人将云彩也看作有公母之分。这大概并不能说明两者真正相关,正如我们将汽车和船称为“她”也不能说明两者相关。但伊图利森林中的俾格米人(pygmies of the Ituri forest)在遭遇不幸时会说森林的情绪不太好,因此特意整晚唱歌来使森林高兴起来,期望他们所做的事会更加兴旺发达。这个例子中的行为可能是相关的(Turnbull)。而在欧洲,可没有一个头脑健全的机械师会指望通过唱小夜曲或诅咒来修理引擎故障。

这样看来,对“原始无分化的宇宙是人格化的”这一观点还有另一种理解方式,即人们期待这一宇宙的行为显示出它是具有智能的,对信号、符号、手势或礼物是有反应的,而且还能识别各种社会关系。

非人格力量被认为能够对象征性的沟通作出反应,最明显的例子是对法术(sorcery)的信仰。法术师(sorcerer)就是一个魔法师(magician),他试图通过象征性的设定来改变事物的发展方向。他在施咒的过程中可能会利用手势或简单的话语。现今,文字是人们之间正常的交流方式,如果有一种想法认为正确地使用文字对行动的效力是很重要的,那么虽然人们对一个事物说话而它不能够回答,但是人们心中仍然存在着对有限的单向口头交流方式的信仰。这个信仰使正在被谈论的事情的清晰状况变得模糊。一

① 插头和插座的英语原文为 male 与 female,字面意思是公母。——译者

个恰当的例子就是在赞德地区(Zandeland)，巫师(witches)使用毒药来寻求神谕(Evans-Pritchard，1937)。阿赞德人自己从树皮中酿造毒药。人们都不认为毒药是人，而把它看作一样事物。他们不认为里面有个“小人”在使神谕有效。然而，要使神谕让毒药有效的话，人们必须要大声地对它说话，所说的话一定要传达出明确的问题，还要消除错误的诠释。在第二轮的全面商谈中，同样的问题必须以相反的形式重来一遍。在这个例子中，毒药不仅听到而且理解了这些话语，它还具有有限的回应能力。它能否毒死小 108
鸡，意味着“是”与“否”两个答案。它不能开启对话，或开展没有结构的访谈。然而在阿赞德人的世界里，这种对问题的有限回应从根本上改变了它作为事物的状态。这不是一种普通的毒药，而更像是一个被抽取的受调查者，用画叉和打勾来填写一份调查问卷。

《金枝》里充满了对非人格宇宙的信仰的例子。这样的宇宙倾听人们的话语，然后以各种方式做出回应。现代田野工作者的报告也是一样。斯坦纳(Stanner)说道：“土著人认为，天上地下的大多数物件都是一个巨大的符号体系，任何人心怀理解地跟着土著人伙伴进入澳大利亚丛林后，都会渐渐地明白这一情况。他不是在一个地理范围内活动，而是在一个充满着各种符号含义的、人格化了的领域内活动。”

最后，还有一些信仰中存在着这样的隐含意义，即非人格的世界是有洞察力的。它可以分辨出社会关系中各种细微的差别，比如有性关系的双方是否属于近亲犯禁，或者辨析并不很细微的社会关系的差别，比如一名谋杀犯是对他的同族人还是对陌生人犯下了罪行，或一名妇女究竟是已经结婚了还是没有结婚。在其他的情况下，它也可以洞察出隐藏在人们心中的秘密情感。有很多例子都暗示着对社会地位的区分。以狩猎为生的夏延（Cheyenne）印第安人认为，一个谋杀了同族人然后逃走的人，浑身会散发腐臭的气味，而作为他们主要生活来源的野牛会被这种气味所影响而远走，因此威胁到整个部落的生存。但如果被谋杀的是一个外族人，野牛就不会受影响。阿恩海姆兰地区（Arnhemland）的澳大利亚土著人的生育仪式和成长仪式都以仪式性性交来结束。他们相信，如果性交是发生在两个平时严格禁止有性关系的两个人之间，仪式就更会加灵验（Berndt，p.49）。莱勒人（Lele）相信，
109 如果某个占卜者与其病人的妻子发生过性关系，或其病人与占卜者的妻子有过性关系，那么占卜者就不可能治愈病人，因为用来治病的药物将会失去效用。治疗的结果并不由医生的意图或知识决定。人们认为药物本身会以一种特殊的方式起作用。不仅如此，莱勒人还相信，如果治疗生效了但病人忘记了及时付给医生治疗的费用，病症就会很快复发或者甚至产生更加致命的并发症。因此，莱勒人的医药学有这样一个隐含意义，即它能查验出债务和不可告人的通奸。阿赞德人使用的复仇魔法更加高超，这一魔法能够毫无差错地察觉到应对某一特定的死亡事件负责的那个巫师，而且确实会对他处以死刑。这样，宇宙中的非人格因素被赋予了辨别能力。这种辨别可以使它们影响人类的各种事件，并且维护道德法则。

在这种意义上，宇宙显然可以对人类关系的道德价值进行判断，然后以此为依据去做出反应。在北罗得西亚的汤加高原上，马尔维札（Malweza）是指一种不幸，那些犯下某些罪行而冲犯了道

德法则的人会遭受这种不幸。大体来说，那些罪行同属于一类，通常不能仅仅施以常规的惩罚。例如，在母系社会中，对于亲属群体之间的谋杀不可以采取报复的行为，因为这一群体组织只对杀死他们族人的外来人进行报复（Colson，p.107）。马尔维札只对那些无法进行一般处罚的过错进行惩罚。

总而言之，原始的世界观都面向着一个人格化的宇宙，而这种人格化要从几层不同的意义上来理解。物理力量被认为与人类的生活交织在一起。事物与人并不完全地相区分，人也不完全与其外部环境相区分。宇宙对语言和模仿发出回应。它洞察社会规则，并且进行干涉来维护它。

我已经尽我所能地从对原始文化的叙述中拉出了原始文化中 110
缺少分化的信仰的一个清单。我所使用的材料都是基于现代的田野工作。不过，其整体的情况与泰勒（Tylor）和马雷特（Marett）在关于原始的万物有灵论的讨论中所采用的观点非常一致。弗雷泽从这类信仰中推断出，原始人的思想混淆了主观与客观的经验。同样的现象也促使列维-布留尔得出了一个结论，即集体表象给诠释套上了一种选择性原则的方式。对这些信仰的全部讨论常常笼罩在一些难懂的心理学隐含意义的阴影之下。

如果说这些信仰在正确区分方面表现为许多失败的结果，那么它们可以看作是儿童摸索着努力去主宰他们周围的环境，这一点使人震惊。无论我们遵循克莱因（Klein），还是皮亚杰（Piaget）的理论，主题都是一样的：即内在与外在、事物与人、自我与环境、符号与工具、语言与行为之间的混淆。从无秩序、无差别的幼年经历到智力与道德的成熟阶段的过程之中，这样的混淆或许是一个必然而普遍的阶段。

有一点我们常常提起，但是有必要再重申一次，即在人与事件之间体现原始文化特点的那些联系不是出于人们没有分辨的能力。它们甚至不一定表达出个人的思想。非常可能的是处于那样的文化中的个体社会成员对于宇宙学持有不同的观点。万施那(Vansina)满怀深情地回忆起他在布雄人(Bushong)之中遇到的三个非常独立的思想家，他们喜欢向他阐述他们的个人哲学。一个老者得出一条结论：从来都没有现实，所有的经历都是变化着的幻影。第二个人发展出了一套数字命理学类型的形而上学体系。最后一个人发展出了一套相当复杂的宇宙学体系，除了他自己没

111 人能够理解(1964)。把诸如命运、巫术、玛纳、魔法等观念认为是哲学的一部分或是有系统的思想，都有其误导性。它们并不仅仅与风俗相关——就像埃文思-普里查德指出的那样——它们本身就是风俗，而且完完全全和人身保护权或万圣节前夜一样。它们都是信仰的一部分和行为的一部分。如果这些观念没有与行为相联系，它们就不应在民族志中被记录下来。像其他风俗一样，它们既抵制变革，又敏感于外部的高度压力。个体可以通过置之不理和产生兴趣来对它们加以改变。

如果我们还记得那是生活中的实际兴趣，而不是产生这些信仰的形而上学体系中的学术兴趣的话，那么它们的整个意义都会随之改变。对于一个阿赞德人来说，毒药神谕是人还是事物是一个没有意义的问题。他永远都不会问自己这种问题。他对毒药神谕说话这一事实并没有在他的头脑中产生任何混淆，使他分不清事物和人。这件事仅仅意味着他不是在为达到智力上的一贯性而

努力，还意味着在这个领域内，象征性的行为看上去是恰当的。他看到，通过话语和模仿可以对现实状况进行表达，而且这些宗教成分已经汇总成一种技术手法。对于许多的意图与目的来说，这种技术手法就像针对一个问题来编制电脑程序。我想这就是雷丁和格尔纳(Gellner)分别在1972年和1962年所强调的东西吧，那时格尔纳指出了在教条和概念中的“不连贯性”所具有的社会功能。

罗伯逊·史密斯首先试图把注意力从这种状态的信仰移到和它们相联系的行为上。从此之后出现了许许多多其他的证据，都是关于对个人的好奇心在行为上的严格限制的。这并不是原始文化所特有的。“我们”并不是专业的哲学家，就这一点来说，“我们”与“他们”是差不多的。作为商人、农夫、家庭主妇，我们之间没有哪个有时间或者意愿去设计一套形而上学体系。对于特殊的实际问题来说，我们的世界观充其量也就是七零八碎。

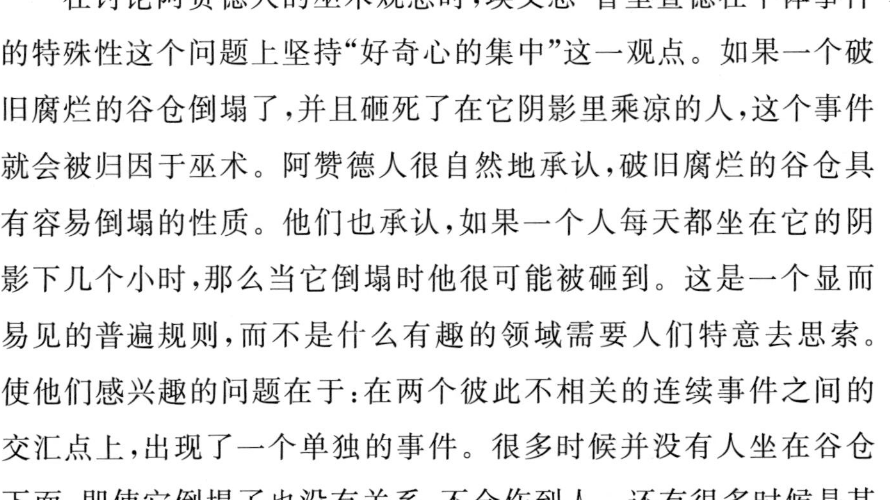

在讨论阿赞德人的巫术观念时，埃文思-普里查德在个体事件 112
的特殊性这个问题上坚持“好奇心的集中”这一观点。如果一个破旧腐烂的谷仓倒塌了，并且砸死了在它阴影里乘凉的人，这个事件就会被归因于巫术。阿赞德人很自然地承认，破旧腐烂的谷仓具有容易倒塌的性质。他们也承认，如果一个人每天都坐在它的阴影下几个小时，那么当它倒塌时他很可能被砸到。这是一个显而易见的普遍规则，而不是什么有趣的领域需要人们特意去思索。使他们感兴趣的问题在于：在两个彼此不相关的连续事件之间的交汇点上，出现了一个单独的事件。很多时候并没有人坐在谷仓下面，即使它倒塌了也没有关系，不会伤到人。还有很多时候是其他人坐在那儿，如果谷仓倒塌了，或许被砸死的就是他们，但是，他

们恰好没在那里。令人沉迷的问题是，为什么在它倒塌的时候，偏偏是这个人而不是其他的人坐在下面。自然的普遍规则已经得到了非常精确和细致的观测，足可以满足阿赞德人的文化在技术上的需要，但是当技术信息消耗殆尽时，好奇心转而集中在了与宇宙相关涉的特殊的那个人身上。为什么这事偏偏发生在他身上呢？他该怎么做来避免灾祸呢？是不是应该有人对此负责呢？这当然适用于有神论的世界观。在巫术这一问题上，只有一些特定的问题能够以属灵方式来回答。季节有规律地更替、云和雨的关系、雨和收成的关系、干旱和传染病的关系等，已经被熟知了。它们自然而然地被认为是一种背景，在这一背景下，更多个人的和紧迫的问题可以得到解决。在任何有神论的世界观中都有一个重要的问题，阿赞德人也不例外：为什么这个农夫的收成不好，而他邻居的收成却不错？为什么偏偏是这个人被野牛刺伤，而跟他一起去打猎的那些人却没事？为什么这个人的孩子或母牛会死掉？为什么让我碰上？为什么偏偏是今天？怎样做才能避免这一切？这些问
113 题强烈地要求做出解释，而这种要求集中在了个人对他自己和他的社区的关注上。我们现在了解了涂尔干所了解的东西，还有弗雷泽、泰勒、马雷特所不了解的东西。这些问题的提出和阐述，主要并不是为了满足人们对季节和其他自然环境的好奇心。阐述它们的目的是使占主要地位的社会关注得到满足，即人们在社会中怎样组织在一起的问题。实际上，确实它们可以根据“人在自然中所处的地位”来得到答案。但是，形而上学体系本身是对实际问题的关注的副产品。这些行为隐含了整个宇宙图景。但是，如果一个人类学家将宇宙学表述为“个人明确赞同的系统化哲学”的话，

那么他对这一宇宙图景的描述就对原始文化做了极大的歪曲。在某个专门的天文学领域内，我们可以研究一下我们自己的宇宙观。但是，原始的宇宙学不能够像舶来的鳞翅类动物一样，可以被正确地定位和展示出来，还能不使原始文化的性质受到曲解。在对原始文化的研究中，过去几代人已经或多或少地解决了技术问题。生存的问题就是怎样将其他人和与他们有关联的自己组织起来，怎样控制不安分守己的青年人，怎样安抚心怀不满的邻居们，怎样获取权利，怎样防止夺权篡位，或者在这种事情发生之后如何证明这是正当的。为了达到这些实际的社会目标，所有认为环境具有全知与全能的信仰都被推上了舞台。即使某个社区中的社会生活以一种持续性的形式稳定下来，社会问题仍然容易在出现紧张与争斗的同一地区突然出现。因此，作为解决这些问题的机制的一部分，那些关于必然的惩罚、天命、幽灵的复仇和巫术的信仰结晶在了制度之中。因此在原始文化中，我在上文所定义的原始的世界观本身很少成为考虑与思辨的目标。它作为其他社会制度的特有产物而发展。在这个意义上，它是被间接生产出来的，而且在这个意义上，原始文化无法察觉到它自己，对自己的状态也没有意识。

在社会发展的过程中，制度不断地扩展与专门化。这一运动 114
是双重的。在此之中，增长的社会控制力使技术的进一步发展成为可能，而后者又开辟了使社会控制力得到增强的新路径。最终我们发现自己身处在现代社会中。在这里，经济的相互依存迄今为止已经达到了人类所能达到的最高程度。社会差别的一个不可避免的副产品就是社会意识和关于公共生活过程的自我意识。而且，随着社会差别的出现，还会产生社会强制的特殊形式、顺应环

境的货币刺激、特殊的制裁手段，还有专业化的警察、监督人员、审查人员来巡视我们的工作情况等。这是一个整体的社会控制系统，这一系统在小规模、无差别的经济状态之中完全是不可想象的。这就是有机的团体组织的经历，它使我们很难解释人类在原始社会中为了克服社会组织的弱点所做的努力。即使没有一式三份的填好的表格，没有执照、护照、无线电警车，他们也必须以某种方式创造出一个社会来，并使所有的男人和女人遵从这一社会模式。列维-布留尔所做的是将不同类型思维进行比较，而不是将社会机制进行比较，而我希望现在我已经展示出为什么这一做法是错误的。

我们也可以注意到，为什么同样都是信仰某种宗教，基督徒、穆斯林和犹太人却没有被归入原始人一类。出于同样的原因，印度教徒、佛教徒或摩门教徒也没有。确实，他们的信仰已经发展到了足以回答这样的问题："为什么它发生在我身上？为什么是现在？"等等。确实，他们的宇宙是以人为中心的，而且是人格化的。或许在谈论形而上学问题的时候，这些宗教在现代的世界中也许会被认为是异常的习俗。对于那些不信教者来说，他们或许并不去理会这样的问题。但是，它本身并没有使有信仰的人成为原始
115 文化的"怪异活化石"，突兀地矗立在现代世界之中。这是因为在每个世纪里，他们的信仰都被阐释和重新阐释，而他们与社会生活的相互啮合则被松开。欧洲教会从世俗政治与世俗理性问题中全身而退，自成一统，这段历史就是从原始到现代的整个运动的写照。

最后我们要再次提一下这个问题："原始"这个词是否应该被抛弃。我希望不会。它在艺术上有一种明确定义和得到尊敬的含义。它可以为技术，并可能为经济提供一种有效的意义。对于"人格化

的、以人为中心的、无分化的世界观是原始文化的特征”这一观点会有什么样的反对意见？唯一的反对意见来源于这样一个理念，即它由于与宗教信仰的关联而带有一种轻蔑的含义，而在技术和艺术中并没有这样的含义。在英语国家的某些地区，这种观念或许确实存在。

“原始经济”这一理念稍微带有一点浪漫主义的色彩。确实，我们在物质上和技术上都有无可比拟的更好的配备。但是没有人会毫无顾忌地将文化区别放在纯粹的物质基础之上。相对的贫穷与富裕这一事实并不是问题。但是，“原始经济”这一理念是不需要货币的参与就可以对货物和服务进行操作的。由此来看，原始的方法与我们相比更有优势，它们直接面对着经济现实，而我们总是被复杂的、不可预测的和独立的货币行为带离我们的轨道。但是就在这个基础上，当涉及“属灵经济”时，我们似乎有了优势。这是因为，他们与外部环境之间的关系要由魔鬼和幽灵作为媒介，而它们的行为是复杂、不可预料的。与此相反，我们则更简单而直接地面对着我们周围的环境。后者的优势是由于我们的财富与物质的进步，这也使其他方面的发展成为可能。因此，照这样看，原始社会在经济领域与属灵领域内最终都处于不利的地位。那些感受到这种双重优越性的人，很自然地就不会再大肆炫耀了，而这大概就是为什么他们根本不愿去探讨和区分原始文化的原因。 116

英国人之外的欧洲大陆人则似乎没有那样的顾虑。在林恩哈德（Leenhard）、列维-斯特劳斯、利科和伊利亚德的著作中，“原始人”（Le primitif）得到了高度的关注和赞赏。我可以得出的唯一结论就是，他们毫不隐讳地认定自己文化的优越性，但同时又十分欣赏那些不同于自己的文化形式。

117 # 第六章　力量与危险

尽管无序的混乱会扰乱模式，但它也会提供模式的材料。秩序意味着约束，在全部可能的材料中做出有限的选择，在一切可能的关系中使用有限的一组。因此，无序的混乱暗含着无限，在其中没有实现过任何模式，但是它形成模式的潜力是无限的。这就是为什么我们尽管致力于创造秩序，却也不会简单地诅咒无序。我们承认无序对业已存在的模式具有破坏性；我们也承认无序具有潜能。它既象征着危险，也象征着力量。

仪式承认无序的潜能。在头脑的无序中，在梦境中，在眩晕和狂怒中，仪式盼望发现有意识的努力无法企及的力量和真理。那些能够一时放弃理智控制的人能够获得命令的力量和特殊的治愈能力。有时一个安达曼岛民会离开自己的队群(band)，像疯子一样在丛林中游荡。当他恢复理智时，对人类社会来说他已经获得了神秘的治愈力量(Radcliffe-Brown，1933：139)。这是一个被广
118 泛证实的普遍观念。韦伯斯特(Webster)在他《魔法：一个社会学研究》(*Magic：A Sociological Study*)中“魔法师的产生”这一章节里给出了很多例子。我还要引用埃汉祖人(Ehanzu)的例子，这是一个生活在坦桑尼亚中部地区的部落，在那里一个为人所承认的获得占卜技能的方式就是在灌木丛中变疯。在这个部落中进行

田野工作的弗吉尼亚·亚当(Virginia Adam)告诉我说,他们的仪式周期在每年的雨季仪式中达到顶点。如果在期望的时间没有下雨,人们就会怀疑有法术作怪。为了解除法术的影响,他们会抓住一个傻子并把他送到灌木丛中任其游荡。在游荡的过程中,他会不自觉地破坏法术师的恶意操作。

在这些信仰中存在着对含混不清的状况的双重游戏。第一个是向头脑中无序领域进发的冒险。第二个是向着社会边界以外地区的冒险。从这些不能进入的区域回来的人会带来那些处于自己和社会控制之下的人们所无法拥有的力量。

这种对清晰和含混状况的仪式游戏对于理解污染至关重要。在仪式形态中,污染被看作能够快速获得力量以保持自己的存在,并且总是有攻击的倾向。无形(formlessness)也被归为力量,有些是危险的,有些是善意的。我们已经看到《利未记》中的可憎之物在何种程度上可以说是一些无法适合宇宙模式的模糊而无类别的元素。它们与圣洁和祝福不相调和。在社会仪式中,针对有形和无形的操作甚至更为明显。

首先,让我们来考察那些对于处在边缘状态的人的信仰。这些人不知何故被抛在社会模式之外,因而没有了固定的位置。他们或许没做过任何道德上错误的事,但他们的身份却无法被定义。例如,没出生的孩子。它的当下状态暧昧不明,它的未来也一样。因为没有人能够断定它的性别,以及它是否能够在幼年的种种危险中幸存下来。它通常被看作是脆弱而危险的。莱勒人认为未出生的孩子和它的母亲处在持续的危险之中,但是他们也认为未出生的孩子具有变幻无常的恶意,这使得它对其他人构成了危险。119

怀孕中的莱勒妇女会非常小心不去接近病人，以防她们子宫中的胎儿增加病人的咳嗽和发烧。

在尼亚库萨人（Nyakyusa）中也有相似的信仰的记录。人们认为怀孕的妇女接近谷物会减少谷物的数量，因为她体内的胎儿是贪婪的，会攫取粮食。在没做出一个善意的仪式手势以祛除危险之前，她不能与进行收割和酿造的人交谈。他们把胎儿说成是大张着上下颌攫取食物的存在，并将其解释为“内部种子”和“外部种子”不可避免的直接斗争。

> 腹中的胎儿……就像个巫婆；它像巫术一样损坏食物，啤酒会被弄坏，尝起来令人恶心，食物会不生长，铁匠的铁也会不好使了，牛奶会坏掉。

甚至由于妇女的怀孕，孩子的父亲在战争和打猎中也会面临危险（Wilson，pp.138－139）。

列维-布留尔注意到，有些时候月经和流产也会引发同样的观念。毛利人（Maoris）把月经看作一种有缺陷的人类。如果这些血液没有流出来，它本该变成人，因此月经就具有了从未生过的死人那种事实上不可能的身份。他也记录下了一个普遍的信仰，即早产的婴儿怀有恶意的灵魂，对活着的人有危险（pp.390－6）。列维-布留尔并没有将那种危险归纳为处于边缘状态，但是范热内普（Van Gennep）更加具有社会学的洞见。他把社会看作是一栋房子，房子里有房间和走廊，从一个房间走向另一个房间时穿过走廊的过程是危险的。危险处于过渡的状态，仅仅因为过渡既不是一个状态也不是下一个状态，它是无法被定义的。那些必须从一个状态走向另一个状态的人本身处于危险之中，并且向他人发散危险。危险由仪式所控制，而仪式准确地将他同他过去的身份分开，120
将他暂时隔离，然后当众宣布他进入了新的身份。不仅这种转变本身是危险的，隔离仪式也是仪式中最危险的阶段。我们经常会读到有关男孩在成人礼时死去，或者是男孩的姐妹和母亲被告知要为他们的安全担心，或者他们在过去惯常死于困苦和惊骇，或死于他们不好的行为所招致的超自然惩罚。然后，真实典礼的记述就比较温和地出现了，它们是如此的安全以至于危险的威胁听上去像在愚弄人（Vansina，1955）。但是我们能够确定的是，那些似乎是捏造的危险表达了关于阈限（marginality）的一些重要东西。说男孩在冒生命的危险正好说明了踏出正式的结构进入阈限地带就会暴露于足可以要么杀死他们要么将他们变成男人的力量之下。死亡和重生的主题当然具有其他的象征作用：参加成人礼的男孩以前的生命死去了，他们重生进入了新生。整个关于污染和净化的一系列观念被用来标志事件的重要性以及仪式能够重塑男人的力量——这是一清二楚的。

在分隔仪式性的弥留和重生的阈限时段（marginal period）中，成人礼中的新手是临时的异类（outcast）。在仪式的整个过程里，他们在社会中没有任何位置。有时他们确实会跑到社会以外的遥远地方生活。有时候他们住得足够近，以便在完全的社会人和异类之间发生一些未曾计划的接触。我们就会发现他们这时的行为举止就像是危险的犯罪分子一样。他们得到许可可以抢劫、偷盗和强奸。人们甚至是要求他们去做这些行为。反社会的行为正是他们阈限状态的恰当表达(Webster,1908,chapter III)。处于阈限就是同危险相接触,就是处于力量的来源处。这与那些有关有形和无形的观点正相一致,它把那些从隔离状态出来的男孩
121 看作是充满了力量的,炙热、危险、需要绝缘的,需要时间平静下来的。污秽、猥亵和违法与隔离的仪式在象征意义上和其他对他们状态的仪式表达一样有意义。他们不会因为干了坏事而被责怪,正像子宫中的胎儿不会因为它的敌意和贪婪被人责难一样。

一个人如果在社会系统中没有位置,就自然成为一个边缘的存在(marginal being),其他人必须得对他的危险有所提防。他无法改变自己的非正常状态。我们自己在世俗而非仪式的背景下大概就是这样看待边缘人。在我们社会中的社会工作者关注对刑满释放人员的后续帮助,他们报道过要将这些刑满释放人员重新安置到稳定的工作岗位上去的困难。这个困难来自普遍的社会态度。一个在“里面”待过一段时间的人被永久地置于正常的社会系统的“外面”。如果没有能够确定地将他分配到新位置上的聚合仪式(rite of aggregation),他就仍和其他那些被定义为不可靠、不可教育以及错误的社会态度的人一起处于边缘。进过精神病院的人也是一样。只要他们待在家里,各种奇特的行为就会被接受。一旦他们被正式地定义为反常者,同样的行为就会被认定为无法被接受。一个关于加拿大 1951 年改变对精神疾患态度计划的报告指出,存在着一个以进入精神病院为界线的宽容门槛。只要一个人从未从社会中迁出而进入这个边缘地带(或阈限状态),那么他任何的古怪行为都能被邻居大度地容忍下来。那些会被心理学者立刻定义为病态的行为被普遍认为“只是个怪癖”或者“他会熬过

来的”，或是“世界上什么人都有”。但是一旦一个病人被精神病院接受了，原先的宽容就收回了。那些本来被认为无可厚非、只是心理学家庸人自扰的行为，现在也被看作是反常的（引自Cumming）。因此，精神健康工作者在重新安置出院患者时遇到了和“囚犯帮助协会”一样的困难。我们无需论证这些关于前囚犯和精 122
神病患者的普遍假定是一种自我确认这一事实。我更感兴趣的是，阈限或边缘状态在全世界引起同样的反应，并且这些反应在阈限仪式中得到有意的再现。

我们要绘制一张原始社会力量和危险的地图，就要着重标出和强调关于有形和无形的观念的相互作用。关于力量的很多观念都基于将社会看作是一系列有形与周围无形相对照的思想。有形中存在一种力量，在含混不清区域、边缘地区、混乱的界限以及边界以外的地方存在着其他的力量。如果污染是一类特别的危险，要想知道在整个危险世界中它属于什么位置，我们需要一张所有的可能力量来源的清单。原始文化中，灾祸的物理动因不如可被追踪的个人干预重要。灾祸在全世界都一样的：干旱就是干旱，饥荒就是饥荒；流行病，生产，虚弱——多数经历是人类共有的。但是每一种文化又知晓一套独一无二的支配灾难发生方式的法则。个人与灾难之间的主要关联是人格化的联系。因此我们的力量清单必须把所有个人干预他人命运的类别包括进来。

人类行为释放的精神力量可大体分为两类——内在的和外在的。第一类存在于行动者的灵力（psyche）里——例如邪恶眼（evil eye），魔法，看见幻象和预言的天赋。第二类是行动者必须有意识地操作的外部象征：符咒，祝福，魔力，药方和祈祷。这些精神力量都需要人的行动来释放。

内外力量来源的这个差别经常与另外一种区分相关联，即受
123 控的力量与不受控的力量。依照普遍的信念，内在的精神力量未必受行动者意图的驱动。他或许根本就没意识到自己拥有这样的力量或者这些力量正处于活跃状态。这些观念因地域的不同而有所不同。例如，圣女贞德并不知道什么时候她的声音会对她说话，她无法任意地召唤它们，她经常会被她的声音告诉她的事以及她遵照声音的指示行动后所发生的一系列事情吓倒。阿赞德人认为巫师未必知道他的巫术正在起作用，然而如果有人警告他，他也可以施加一些约束来控制巫术的行动。

与此形成对照的是，魔法师不能够错误地说出符咒，有特定的目的是取得结果的前提条件。一个父亲的诅咒通常需要明确讲出来才能生效。

在这种有控制与无控制、心理的与象征的对比系列中，污染处于何处？在我看来，污染是类别全然不同的一种危险来源。所以，那套关于有意与无意、内在与外在的区分在此全无意义，它必须用不同的方式来识别。

首先，继续刚才的精神力量清单，依据危及他人者和被危及者的社会位置，有着另一种分类。一些力量代表社会结构的作用，它们针对恶意因素及其释放的危险来保护社会，但其使用必须得到所有好人的认可。社会异己力量被认为对社会构成危险，它们的使用未被认可，使用它们的人是恶意者，它们的受害者是无辜的，所有的好人都应当尽力抓住他们——这些人是巫师和法术师。这就是白魔法和黑魔法之间的古老差别。

这两种分类之间是否互不相干呢？在这里我想试验性地提出，它们还是有所关联：在社会系统明确承认权威地位的地方，那些把持这样地位的人就具有明确的精神力量，这个力量是有控制的，有意识的，外部的和被认可的——祝福或诅咒的力量。在社会系统要求一些人扮演危险的不明确的角色的地方，这些人就会被 124
赋予不受控制的、无意识的、危险的和不被认可的力量——比如巫术和邪恶眼。

换句话说，在社会系统有清晰显示的地方，我要寻找积存在权威处清晰的力量；在社会系统不清晰的地方，我要到混乱中去寻找不清晰的力量之源。我在这里提出的是，有形和它周围的无形之间的相对说明了象征力量和精神力量的分配：外部的象征系统支撑着外在的社会结构，而内部的、无形的精神力量则从无结构的角度威胁着它。

大家公认这种相互关系很难建立，因为人们很难精确地描述外在清晰的社会结构。人们当然带有对社会结构的意识。他们依照他们在社会中看到的对称和层次来规范自己的行为，并且不断努力试图用他们自己对相关结构片段的观点给他们生活场景中的其他行动者留下印象。关于社会意识，戈夫曼（Goffman）已经有很精彩的论述，这里就无需再进一步讨论了。没有一样衣服、食物或是其他什么实际用品不是我们抓住当作小道具用来戏剧性地强化我们想扮演的角色以及我们演出的布景的。我们做的每一件事情都是意义重大的，没有任何事不背负着它的意识象征之负荷。而且，观众也什么都不会漏掉。戈夫曼运用戏剧性的结构，这其中有演员和观众、前台和后台之分，他运用这种结构分析日常的情境。这种剧院类比的另一个好处在于说明了戏剧性的结构存在于时间分割之中。它有一个开头、一个高潮和一个结尾。正是这个原因,特纳发现将社会戏剧引入用来描述几组行为很有帮助,每个人都认可这几组行为组成了不连续时间单元(Turner,1957)。我
125 确定社会学家们并没有止于将戏剧观念看作是社会结构的映像,我的目的是当谈到社会结构时,知道我通常所指的并不是一个持续广泛地包含全部社会的整体结构,这就足够了。我所指的是特定的情境,在这里演员个体意识到一个或更大或更小的涵盖范围。在这样的情境之下,他们的行为就像是在相互关系决定的特定位置间移动,好像在可能的关系模式中做出选择。他们对于形状的感觉对他们的行为提出要求,支配着他们对自己欲望的评价,认可一些,禁止另外一些。

任何对整个社会系统的地方性个人观点都不一定与社会学家的观点一致。在下面我提到社会结构时,有时我指的是主要的轮廓、继嗣群体的世系和等级,各区域的首领权威和级别,以及皇室与平民之间的关系。有时我指的是一些小的次结构,就像中国的多宝格一样,它们一个套一个,填充到主要结构的骨架中去。个体似乎可以意识到在这些结构中适当的情境以及它们相对的重要性。他们对某个时刻里相应的是哪个层次的结构并不都有一样的观点;他们知道交流的难题总是存在的,但社会要存在的话就必须克服之。他们通过典礼、演讲和手势不断地要努力表达和赞同关于相应的社会结构是什么样子的观念。所有危险和力量的归因都是这个交流努力的一部分,因此也就创造了社会形态。

我所知的认为在外部的权威和被控制的精神力量之间存在着

相互关系的观点，最初来自利奇（Leach）的《人类学再思考》（*Rethinking Anthropology*）。但在这个观点的展开讨论过程中，我却走向了不同的方向。利奇提出，被控制的有伤害能力的力量通常在权威系统中被赋予清晰的关键位置，而会在无意间造成伤害的力量则潜伏在该社会中不那么分明清晰的区域。他主要关注的 126
是在平行对比的社会情境下这两种精神力量的对比。他将一些社会呈现为若干套互动的内部结构的系统。在这样的系统之中生活的人们能清楚地意识到它的结构。其要点由这样一些信念支撑着，即相信那些附于控制地位上的被控制的力量形态。例如，尼亚库萨人的首领能够通过一种法术来攻击他们的仇敌，这种法术能够派出无形的巨蟒追赶敌人。在父系的塔伦西社会中，一个人的父亲具有受控制使用祖先力量来对付他的能力。在母系的特罗布里恩岛民中，舅舅被认为能凭借有意识控制的咒语和魔力来支持他的权威。权威的地位像电路一样构建起来，只有那些达到正确地点的人才能操纵开关以便为整个系统提供力量。

这可以同我们熟悉的涂尔干的观点一起讨论。宗教信仰表达了社会对其自身的意识；社会结构被看作具有惩罚性的力量而能维持自身的存在。这是十分明显的。但我想提出的是，那些在结构明确的地方保有职位的人倾向于被认为具有能被意识到的受控制的力量，与之相对比的是，那些角色并不清晰的人倾向于被看作具有意识不到的、不受控制的力量，并威胁着那些地位更加清晰的人。利奇讨论的第一个例子是克钦人（Kachin）的妻子。她联系着两个力量群体，即她丈夫和她兄弟，她也扮演着跨结构的角色，因此她被看作是巫术无意识的不自知的代理人。与之相类似，母系特洛布里安岛居民和阿散蒂人(Ashanti)的父亲以及父系提科皮亚人(Tikopia)和塔勒兰人(Taleland)的母舅,都被看作是不自知的危险之源。这些人在整个社会中都有适当的地位。但是从一个他们不属于其中的却必须在其中活动的内部次系统观点来看,他
127 们是侵入者。在他们自己的系统中,他们不是怀疑的对象,并且或许还可以代表所在的系统操控有意图的力量。他们那种非自发的无意识毁坏力量也许永远不会被激发出来。当他们安宁地生活在次系统的角落里时,这种毁坏力量可能在他们的生命中适得其所地休眠着,但他们毕竟是这里的侵入者。但是在实践中,这个角色很难沉着自若地扮演。如果什么地方出了岔子,如果他们感觉到怨恨或悲痛,那么他们的双重忠诚和他们在相关结构中含糊的身份使他们看起来会对真正属于系统中的人构成威胁。一个在空隙和夹缝中暴怒的人是危险的,这一点与此人的本意无关。

在这些事例中,社会结构中清晰和有意识的要点被清楚和有意识的力量武装起来以便保卫系统;不清楚无结构的区域发散出无意识的力量,这些力量激发其他人起而要求减少含糊性。当这样的不高兴或生气地处在夹缝中的人被指控施巫术时,这就像是一个警告,要他们压制住反叛感情以符合他们的正确处境。如果这种方法被证实普遍有效,那么被定义为一种所谓精神力量的巫术,就应该也能从结构上定义。它就是处于相对无结构的社会区域中的人们所具有的反社会的精神力量。谴责和指控是在实际应用的控制形式很难奏效时采取的一种控制方式。因此,巫术总是出现在非结构中。正如居住在墙壁裂缝或壁板中的甲虫和蜘蛛,女巫或者男巫处于社会的缝隙中。他们和其他含糊和矛盾的东西

一样在其他思想结构中引发恐惧和厌恶，归属他们的那些力量象征着他们含糊不清的身份。

沿着这个思维方向考察，我们可以区分不同种类的社会不清
晰性。迄今为止，我们只把巫师看作是在一个次系统中拥有明确 128
的地位而在另一系统中含糊不清的人，但即使是在后一个系统中他们依然有义务和责任。他们是合法的侵入者。圣女贞德是一个极好的典型：一个宫廷中的农民，一个披装配甲的女人，一个战争内阁的局外人。对她的行巫指控恰好能够将她置于这一类别之中。

但巫术也经常被认为在另一种含糊的社会关系中起作用。最好的一个例子来自阿赞德人的巫术信仰。他们社会的正式结构以君主、宫廷、法庭和军队为轴心，存在着清晰明确的层次，从君主到其在各地的代理人，从地方长官到一家之主。政治系统提供了一系列组织有序的竞争领域，使平民不会和贵族竞争，穷人不和富人竞争，儿子不和父亲竞争，女人不和男人竞争。只有在社会中那些未经政治系统组织的领域里，人们才会以巫术相互责难。一个在职位竞争中险胜对手的人可能会谴责对手出于嫉妒而对他施巫术，妻妾们也可能互相指责对方施用巫术。阿赞德巫师在他们自己没意识到的情况下就被看作是危险的；他们的巫术会因为他们愤恨和咒怨的情绪而被激活。这些指责试图通过维护一方声讨对手来调控形势。君主们不会被看作巫师，但是他们却也互相指责对方在施行法术，这也就符合了我所试图建立的模式。

另一种无意识的伤害性力量会从社会系统中不清晰的领域发散出来的例子来自曼达利人（Mandari），那些拥有土地的氏族通过收养属民（client）来增强自己的实力。这些不幸的人由于种种

129 原因失去了对自己领土的权利，来到一个陌生的领土寻求保护和安全。他们没有土地，是下等的，依靠他们的领主(patron)，但他们又不是完完全全地依赖领主。这些领主虽然是土地所有团体的一员，但在某种真实的程度上，领主的影响力和身份依赖于他的属民的忠诚追随。一旦属民为数众多并且十分大胆，他们甚至可以威胁其领主的世系。社会的外在结构基于拥有土地的氏族。正是这些人可能会将属民看作巫师。他们的巫术由对其领主的嫉妒而发，并且不自觉地实施出来。巫师不能够控制他自己，他的愤怒和由此产生的伤害是他的天性。并非所有属民都是巫师，但是人们能认出并惧怕巫师的遗传世系。这些人生活在权力结构的夹缝之中，被认为是对那些拥有更为明确身份的人的威胁。由于他们被认为是危险的、不可控制的力量，因此也就有了镇压他们的借口。他们可以以行巫罪被控告，并在没有任何正式手续的情况下毫不迟疑地被放逐。在一个例子中，领主一家刚刚生好火，他们把被怀疑行巫的人叫进来和他们分享烤猪大餐，然后毫不犹豫就将他绑了投进火里。这样，土地所有者世系的正式结构得到确认，而不是处于相对流动和不稳定领域的局势，在其中属民向领主兜售他们的忠诚。

英国社会中的犹太人就像曼达利人的属民一样。人们相信这些人在商业方面有阴险而不可言说的优势，这个信念使得对他们的歧视合法化——然而他们真正的罪过始终是他们处于基督教世界的正式结构之外这一事实。

或许还有更多的社会认为模糊或不能清晰界定的身份被归因为不自觉的巫术。继续堆积例子很容易。不用说，我所关注的不是那些二流的信仰或昙花一现的观念。如果我们讲的相关关系能够说明支配性的和持久的灵界力量分布的形式，那它就能澄清污染的性质。因为，正像我理解的那样，仪式污染也起因于有形和周围无形之间的相互作用。当有形被攻击的时候，污染危险就趁机 130 发力。因此我们就会有一组三元的力量来控制运气和不幸：首先，由象征正式结构的人代表正式结构来运行正规力量；其次，由处在夹缝中的人使用无形力量；再次，不受任何人左右但内在于结构之中的力量，它向一切对有形的违犯实施反击。不过，不幸的是，这个探究原始宇宙哲学的三元论方案面对一些非常重要而不能置之不理的特例时却无能为力。一个大难题是法术作为一种被控制的精神力量，在世界的很多地方都被归因于根据我的假设本应是不自觉的行巫者身上。处在夹缝中的怀有恶意的、反社会的和心怀不满的人伤害无辜，但他们本应该不能运用有意识的、被控制的象征力量。此外，也有王族的酋长释放出无意识的不自觉的力量来侦察不满和消灭他们的敌人——这些长官，在我的假设看来，本应该满足于运用清晰的和有控制的力量形式。因此我试图建立的相互关系似乎站不住脚。然而，我也不会就此将其抛到一边，而要更加近距离地研究这些负面的例子。

很难将社会结构和这类神秘力量相联系起来的一个原因是我们所比较的这两类元素都很复杂。权威并不总是容易辨析。例如，莱勒人中的权威就非常微弱，他们的社会体系由很多较小的权威交织而成，没有一个在世俗意义上占绝对优势的权威。那里的很多正式的身份地位是由诅咒或者祝福的灵界力量支撑着，借由言语和吐口水的形式发出。诅咒和祝福是权威的特征：父亲、母

亲、母舅、姑妈、典当物拥有人、村寨首脑等都可以诅咒。但不是任
131 何人都能专断地获取和运用诅咒。儿子不能诅咒父亲,即使他尝试了也不会有效。因此这种模式与我试图建立的普遍规则相一致。但是,如果一个人有诅咒的权利却避免做出诅咒,那么他那没吐出口的口水就会被认为具有伤害力量。任何有正当理由感到委屈和不平的人最好都能直言不讳地要求公正,以免他口中憎恶的口水会因为心怀不满而秘密地伤害别人。在这种信仰中,同一个人在同一情况下就同时拥有被控制和不被控制的力量。但由于他们权威的模式表达得非常微弱,所以几乎算不上是个反例。相反地,它提醒我们权威可以是很容易受到攻击的力量,并很容易被消减以至乌有。为了完善前面的假设,我们应当准备更多地考察权威的多样性。

莱勒人不说出口的诅咒和曼达利人的巫术信仰之间存在着若干相似之处。两者都依赖一个特定的身份,两者都是灵界的、内在的和不自觉的。但不说出口的诅咒是一种被认可的灵界力量,而巫术则是不被认可的。当不说出口的诅咒被发现造成伤害时,人们会安抚行动者;而当巫术一旦被揭露出来,行动者则会被严酷地报复。可见不说出口的诅咒与权威同道,它与诅咒的联系使其十分清楚。但是权威在莱勒人的案例中是微弱和不牢固的,而在曼达利人的案例中权威则是强有力的。这就要求我们要想清楚地检验假说,就必须将权威分布的整个范围通通展示出来,将不正式的权威放到天平的一边,将有效的世俗权威放到天平的另一边。在这两极我都不准备预言灵界力量的分配,因为在没有正式权威的地方无法应用假设,而在通过世俗手段牢牢建立了权威的地方灵

界和象征的支持就可有可无了。原始状态的权威通常总是不稳定的。由于这个原因，我们就应当随时准备考虑当权者的失败。 132

我们首先来考察具有权威地位的人滥用其把持的世俗力量的例子。如果他的行为明显错误，不合身份，他就无权享有职权赋予他的灵界力量。然后才会有一些转换信仰模式的余地来适应他的背信。他应当被归为巫师，运用不受控且不正当的力量，而不是有意识的被控制的力量来对抗做坏事的人。这是因为滥用权力的官员与篡位者、梦魇、破坏分子和社会系统中的累赘一样是非法的。我们常会在他可能滥用权力的危险中发现这种可预知的转换。

《撒母耳记》中的扫罗是一个领导者，但他却滥用了神所赐予的力量。当他没能完成指派的角色并导致他手下的人抗命时，他的卡里斯玛（领导魅力）就离他而去，可怕的愤怒、沮丧和疯狂折磨着他。这就是说，当扫罗滥用他的权力时，他就失去了有意识的控制，甚至对他的朋友都构成了威胁。当理性不受控制时，领导者便成了无意识的危险。扫罗的形象符合这样的观念，即有意识的灵界力量归属于外在清晰的结构，不被控制的无意识的危险归属于结构的敌人。

卢格巴拉人（Lugbara）有另一个类似的方式来调整他们的信仰使之适应处理权力的滥用。他们把特殊的力量赋予家系中的年长者，使年长者能调动祖先的精灵来对抗年少者，使之遵循家系利益的最大化方向行动。这里又是有意识的被控制的力量支持着外在的清晰结构。但是如果一个年长者被认为是由他自己个人的私利驱动，那么祖先就不会听从于他，也不会认可他使用他们的力量。因此，一个处于权威地位的人若不适当地使用自己职务的权

力，他的合法性就会受到质疑，他必须被驱逐，他的对手会指责他
133 腐败和施巫术，这是一种神秘的在夜晚行动的不正当力量（Middleton）。这个指责本身就是一个澄清和强化结构的武器。它能够将罪行牢牢地定位在混乱和含糊的根源上。因此，这两个例子并行不悖地导出这样的理念，即有意识的力量从结构中的关键位置发出，而各种危险来自于结构中黑暗朦胧的地方。

法术是另一码事。作为运用符咒、字词、行动和实际物体的一种有害的力量形式，它只能被有意识有目的地使用。依照我们一直遵从的论点，法术应当是由那些在社会结构中占据关键位置的人运用的，因为它是一种故意的受控的灵界力量形式。但是事实却不是这样。在发现巫术的结构缝隙中我们也发现了法术，在权威场所也是一样。乍看之下，这似乎割断了清晰结构与意识之间的相互关联。但是在更细致的考察中，我们会发现这种法术的分配跟与法术信仰相伴的权威模式还是一致的。

一些社会中的权威位置可以公开竞争。合法性很难建立，很难保持，并且总有可能被颠覆。在如此流动的政治系统中，我们会期待一种特殊的对灵界力量的信仰。法术不像诅咒和祖先的符咒，它没有内置的以防滥用的装置和手段。例如卢格巴拉人的宇宙哲学是由这样的观念所统领：祖先支撑着世系的价值；而以色列人的宇宙哲学则是由对耶和华公正审判的信仰所统领。这两种力量来源都包含着一种假设，即它们无法被欺骗和滥用。如果一个在职人员滥用他的权力，那么灵界的支持就会撤回。与之相对照，法术在本质上是一种被控制了的有意识的力量形式，它也可能被滥用。在中非的文化中，对法术的信仰十分兴旺，这种灵界力量形

式在医药术语中被发展开来。它可以随意获得。任何费力获得法术力量的人都可以使用它。它本身在道德和社会方面是中性的，134
不包含防止滥用的原则。它独立地运作着，无论行动者的意图是纯洁抑或是腐败，它都一样起作用。如果一个文化中灵界力量的观念由这种医药术语所统领，那么滥用职权的人以及处于无结构缝隙中的人就都像世系或村庄首领一样可以获得同样的灵界力量了。由此得出的结论是，如果法术可供任何想获得它的人使用，那么我们就应当推想政治控制的地位也是可使用和可竞争的。这样一来，这样的社会中合法的权威、滥用的权威与非法的反叛之间就没有非常清晰的分界了。

中非的法术信仰从西至东，从刚果到尼亚萨（Nyasa）湖，都假定法术的恶毒灵界力量是可以被普遍获得的。原则上这些力量被父系世系团体的长者把持，并由持有权力的这些人用来抵御外敌。但人们普遍认为老人们可能会掉过头来用他的力量对付他自己的追随者和家族。如果他不招人喜欢或脾气很坏，他们的死就很有可能被归咎于他。老人总是有可能从他那老资格的小小高台上被拽下来，被降级，被流放或经受毒刑（Van Wing，pp.359－360；Kopytoff，p.90）。接着另一个竞争者就会接过他的职务并更加小心翼翼地行使其权力。这样的信仰，正如我在对莱勒人的研究中试图展示的那样，是与这样的社会系统相符合的，在这样的社会系统中权威微弱且少有真正的实权（1963）。马威克认为在塞瓦人（Cewa）中也有相似的信仰，且具有解放的效果。任何一个年轻人都可以指控一个反动的权威在职者施行法术。一旦老的障碍被清除，年轻人就有资格占据这个职位（Marwick，1952）。既然法术信仰真能作为一种自我升迁的工具和手段，那么它们也能保证升迁的梯子短而不稳。

任何人都可以操纵法术力量。它可以用于反对社会也可用于
135 代表社会。这个事实暗示了另一种灵界力量的交互澄清(cross-clarification)。因为在中非地区，法术常常是权威角色的一个不可或缺的附属品。母舅必须知晓法术，这样才能够抗击敌人的法术，保护他的子孙后代。这是一个双刃的特性，因为如果他不明智地使用法术，就会被其毁灭。这样人们就总是感到有可能，甚至于期待，有正式地位的人不能当之无愧地担当其职责。这种信仰起着节制世俗力量的作用。一旦某个塞瓦人或莱勒人的领导者不再受欢迎了，法术信仰就开列出例外条款，使得依附该领导者的人们能够摆脱他。这就是我所理解的蒂夫人(Tiv)的擦抚(Tsav)信仰，对世系年长者的权威既认可其有效性也制衡其被滥用的可能性(Bohannan)。因此，人人能获取的法术是一种倾向于失败的灵界力量。这是一个交叉分类，它把巫术和法术归为一类。正如我们看见的，巫术信仰也倾向于期待角色失败并惩罚性地处理它。但是巫术信仰期待的是空隙角色的失败，而法术信仰期待的是正规角色的失败。如果我们将那些倾向于失败的力量与倾向于成功的力量进行对比，那么灵界力量与结构互相关联的整个框架就会变得更加一致。

条顿人(Teutonic)的运气观念、巴拉卡(*baraka*)以及玛纳的某些形式都是倾向于成功的信仰，这与倾向于失败的法术信仰平行存在。玛纳和伊斯兰教的巴拉卡在官方职位上发生作用，无论在职者的意图是什么。它们既可能是打击别人的危险力量，又可

能是仁慈善意的力量。对于那些散发着玛纳或巴拉卡的酋长或者王侯，能接触到他们就已经值得庆贺并且是成功的保证，他们只要到场就能影响战役的胜败。但是这些力量并不总是很好地被稳定在社会系统的框架之内。有些时候，巴拉卡是自由流动的仁慈力量，它不受正式力量分配和社会层面的忠诚的束缚，而独立地发挥 136
作用。

一旦我们发现这种自由行动的善意接触在人们的信仰中扮演重要的角色，就可以认为正式的权力是微弱或者不清晰的，要么就是政治结构已经因为各种原因被无效化了，以至于祝福的力量不能够从它的关键点中发散出来。

刘易斯博士(Dr.Lewis)曾经描述过一个关于非神圣化社会结构的例子。在索马里存在着针对世俗力量和灵界力量的普遍二分观念(1963)。在世俗关系中，力量来源于战斗实力，索马里人好战且竞争性很强。其政治结构就是一个武士体系，在这里力量就是公理。但是在宗教领域，索马里人是穆斯林，他们坚信穆斯林团体内部争斗是错误的。这些深入人心的信仰使社会结构去仪式化(de-ritualise)了，因此索马里人不认为其领导人具有神圣的祝福或威胁能力。宗教不能由武士来代表，而要由真主的子民代表。这些圣人也是宗教和法律事务的专家，他们在人与人之间调停仲裁，也在人与神之间起着中介的作用。他们只是不情愿地被卷入到社会的武士结构中。作为真主的子民，他们被赋予灵界力量。由此进一步推导，当他们从世俗世界中撤出，变得微贱、贫穷和软弱时，他们的祝福(*baraka*)反而更加强大。

如果这个论断是正确的话，它应该也能适用于其他那些社会组织基于内部激烈冲突的伊斯兰民族。然而摩洛哥的柏柏尔人(Berbers)在没有神学论证的情况下也显示出相类似的灵界力量配置。格尔纳(Gellner)教授告诉我,柏柏尔人并不认为穆斯林团体内的争斗是错误的。此外,竞争性的裂变政治体系的一个共有特征是结盟力量的领导者与处于政治结盟缝隙中的某些人相比具有更少的灵界力量。索马里的圣人应当被看作塔伦西人的“土庙的祭司”(Earth shrine priest)以及努尔人的“地上人”(Man of the
137 Earth)的对应物。身体上软弱的人身上存在强大的灵界力量这个悖论可以更好地用社会结构,而不是为其辩护的当地的教义来解释(Fortes and Evans-Pritchard,1940,p.22)。

这种形式的巴拉卡可以说就是法术的倒置。它是一种不属于任何正式政治结构的力量,但它在政治结构的裂变组织之间游荡。由于法术的指控被用来强化结构,处于结构中的人们也尽力利用巴拉卡。就像巫师和法术师一样,它的存在和力量都要在经验之后才能证明。当不幸的事情发生,对事主怀有恨意者被指控为巫师或术士。不幸事件的发生表明有巫术在起作用,已知的怨恨则指出了可能的巫师。从根本上来说,是他好争吵的名声引来了对他的指控。巴拉卡也是在经验之后才能得到证明的。通常是一个出人意料的、神奇的好运显示了有巴拉卡的存在(Westermarck,I,chapter II)。一个圣人有虔诚和学识的名声,好事和善事也会归结到他身上。就像每次邻居遭逢不幸,巫师的恶名都会愈加恶劣一样,圣人的美名也会随着每次好运的降临而日益远扬。两者都有类似的滚雪球效应。

这种倾向于失败的力量具有消极否定的反馈。一旦有任何潜在地占有这些力量的人开始狂妄自大，那么指控就会打压他的气焰。对指控的恐惧就像温度调节器一样在真实的争端开始之前起到控制作用。它是一个控制装置。但是倾向于成功的力量却具有正面反馈的可能。它们会不确定地增大累计直至爆炸。就像巫术曾被称为制度化的嫉妒，巴拉卡可以称得上是制度化的称赞。正是因为这个原因，当它在一个自由竞争的体系中运作时它能自我确认。它总是处在强大的一边。由于有成功的经验证明，它能吸引追随者并因此赢得更多的成功。“由于他们被当作拥有巴拉卡的人，因此他们就成为了拥有巴拉卡的人”(Gellner，1962)。

应该清楚地指出，我并不相信部落社会系统中互相竞争的元 138
素能够始终运用巴拉卡。这是一个关于力量的观念，它在不同的政治条件下有所不同。在一个有权威的系统中，它可以从掌权人那里释放出来，并且确认掌权者权力地位的有效性，使他们的敌人遭受失败的打击。但是它也具有破坏有关权力是非对错观念的潜力，因为它唯一的证明就在于它的成功。巴拉卡的拥有者并不服从于普通人的道德约束(Westermarck，I，p.198)。这也同样适用于玛纳和运气。它们可以在站在既定的权威一边，也可以站在机会主义的一边。雷蒙德·弗思得出结论说，至少在提科皮亚(Tikopia)，玛纳意味着成功(Firth 1940)。提科皮亚人的玛纳表达了世袭首领的权威。弗思考察了这样的问题：如果首领的统治是不幸的，那么该王朝是否有灭绝的危险？他(正确地)得出结论，认为首领统治足够强壮才能够挺过这样的风暴。在茶杯一样的小社区中做社会学研究的一个很大的优势就在于能够平静地辨别那些在更大规模的社会里显得混乱不清的东西。但与此同

时，这也是一个缺点，因为它不能观察到真正的风暴和巨变。殖民人类学在某种意义上来说都蜗居于茶杯之中。如果玛纳意味着成功，那么它就是政治机会主义的一个适当概念。这种人为造成的殖民和平状态或许掩盖了冲突和反抗的潜在力量，而这正是那种倾向于成功的力量所暗含的。人类学通常在政治分析方面缺乏解释力。有时候，人们对政治体系做出的分析形同一部一尘不染、既无冲突又没有对力量平衡做出严肃分析的成文宪法。这肯定会使得其阐释模糊不清。因此，转向前殖民时期的例子倒可能有所帮助。

运气对我们的条顿人祖先来说就像机会主义或自由职业形式的玛纳和巴拉卡，似乎也自由地在竞争性的政治结构中运作流动，而几乎与世袭力量无关。这样的信仰能够跟上效忠队伍的迅速变化，并且改变人们对于是与非的判断。

139 我一直在努力比较这些倾向于成功的力量与巫术和法术之间的相似性，巫术和法术的力量的都是倾向于失败的力量，并且都能够在权威配置之外独立运作。另一个与巫术相类似的就是这些成功力量的自然而然的本性。一个人发现他具有巴拉卡是因为他发现了它的作用。许多人或许是虔诚的，并且处于武士体系之外，但并不是很多人都能够拥有伟大的巴拉卡。玛纳也一样可能是在相当无意的状态下被使用，甚至是被人类学家使用。雷蒙·弗思挖苦地提到，一大网鱼就曾被归结为玛纳。北欧人的智者们也有很多这样的危机时刻，尤其是当一个人突然发觉了自己的运气或者是发现运气离他而去时（Grönbech，Vol.I，Ch.4）。

成功力量的另一个特点在于它通常具有传染性。它能够在物质上传播。任何与巴拉卡接触过的东西都可能会得到巴拉卡。运气也部分地由某些家传之物和财宝传播。一旦这些东西易手，运气也随之易手。在这方面，这些力量就像是通过接触传播的污染一样。但这些成功力量潜在的偶然和分裂性效果与污染形成对比，污染严格地致力于支持现存社会系统的框架。

总而言之，那些将灵界力量归于个人的信仰永远都不会是中立的，或者说是不能摆脱社会结构的统治模式的。即使有些信仰看来像是偶然地归结于自由漂流的灵界力量，更仔细的分析仍可显示其连贯性。灵界力量似乎独立于正式社会系统之外而活跃繁盛的唯一境况是当系统本身反常地完全没有正式结构，当合法的权威始终遭到挑战，或者当没有绝对首领的政治系统中的竞争各方诉诸仲裁的时候。这时，政治力量的主要竞争者就不得不设法

为己方获得自由漂流的灵界力量拥有者的支持。因此毫无疑问，140
社会系统被认为是具有创造性和持续性的力量的。

既然承认了所有的灵界力量都是社会系统的一部分，那么就到了识别污染的时候了。社会体系表述污染并且提供体制来操纵它。这意味着宇宙中的力量被完全地系于社会之中，因为所有的运气变化都是由处于一个或另一个社会位置的人所引起。但也存在着其他的危险需要认真对待。这些危险可能是人们有意或无意引发的，它们不是心理的一部分，不能被通过成人仪式和训练来获取或习得。这就是存在于观念本身结构内部的污染力量。它惩罚那些本应连接的象征性阻断和本应分隔的象征性连接。我们由此得出结论：污染虽是一种危险，但只要宇宙的或社会的结构世界没有被清晰地界定，它就不太可能发生。

一个污染的人总是有过失的。他导致了某些错误的状态，或者仅仅是跨越了某些不应被跨越的界限，而这种跨越给某些人带来了危险。与法术和巫术不一样的是，带来污染的能力人兽共有，因为污染并不总是由人类引发。污染可能是有意为之的，但是意图和目的与它的效果和影响无关——它更有可能在不经意的情况下发生。

这就是我尽力定义的一类特殊的危险，它们不是系属于人的力量，却能由于人的行动而被释放。能对疏忽大意的人类构成危险的力量，必然是一种内在于观念结构的力量，而结构本来指望它来保护自己的。

第七章　外部边界 141

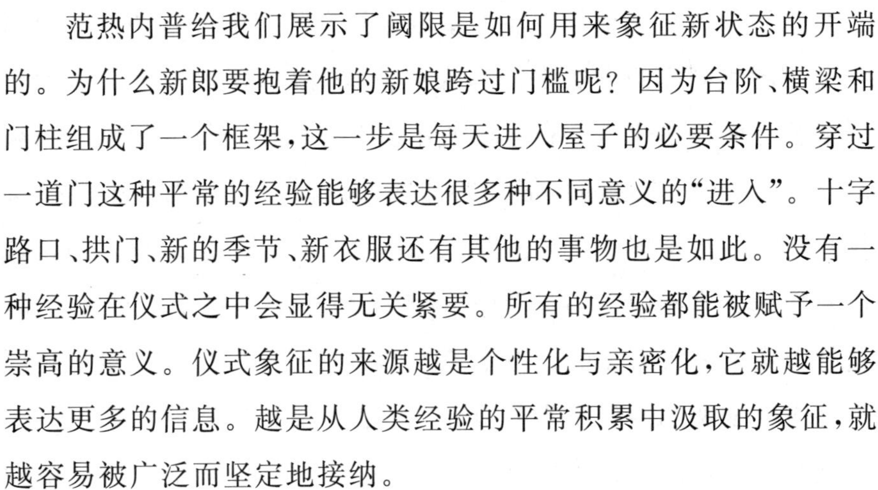

“社会”这个概念是一个强有力的形象。它本身就拥有支配人们或使之采取行动的权利。这种形象有其形态，还有外部的界限、边缘及内部结构。它的纲领具有一种奖励顺从和击退攻击的能力。它的边界和无结构的地带也同样具有能量。任何结构、边缘或边界的人类经验都能被用于社会的象征。

范热内普给我们展示了阈限是如何用来象征新状态的开端的。为什么新郎要抱着他的新娘跨过门槛呢？因为台阶、横梁和门柱组成了一个框架，这一步是每天进入屋子的必要条件。穿过一道门这种平常的经验能够表达很多种不同意义的“进入”。十字路口、拱门、新的季节、新衣服还有其他的事物也是如此。没有一种经验在仪式之中会显得无关紧要。所有的经验都能被赋予一个崇高的意义。仪式象征的来源越是个性化与亲密化，它就越能够表达更多的信息。越是从人类经验的平常积累中汲取的象征，就越容易被广泛而坚定地接纳。 142

生命有机体的结构比门柱或门槛更能反映复杂的社会形态。因此，我们发现献祭的仪式对应该使用哪些动物有着特殊的规定，比如是使用年幼的还是年老的，雄的还是雌的还是阉割过的。而且，这些规则表明了需要献祭的情境的各个方面。动物宰杀牺牲的方式也有明确规范。如果需要用献祭来平息乱伦之害，丁卡人会从所祭之物的性器官开始，沿着纵线将整个动物切开。如果是为了庆祝休战而献祭，他们就会从中间将所祭之物切成两半。在其他的一些场合下，他们会使它窒息而死，有时把它踩踏致死。这种象征在人体上的应用更加直接。身体是一种模型，可以表示任何具有界限的体系。人体的边界可以代表任何受到威胁的或处于危险状态的边界。身体是一个复杂的结构，不同部位的功能以及彼此之间的关系为其他复杂结构提供了象征的来源。除非我们把身体看作社会的象征，看到社会结构的力量和危险在人体上的小规模再现，我们就无法理解有关排泄物、乳汁、唾液和其他东西的仪式。

我们很容易把用作祭品的牛看作社会形态的一种图示。但当我们试图用同样的方法来诠释人体仪式时，心理学传统却将社会置诸脑后而诉诸个人。在人们使用没有生命的门柱或用动物献祭时，公共仪式所表达的可能是共同的关系。但用在人体上的公共仪式所表达的却成了个体和私人的事情。我们不能仅仅因为这种仪式作用于人的肌体，就把这种诠释的转移说成合理。据我所知，这种个案从来没有得到过方法论上的解释。它的反对者也都是从一种未经证实的假设出发来立论，而这一假设又是来自某些仪式
143 形式与精神错乱者行为之间的相似性。他们说，原始文化在某种意义上与人类心智发展中的婴儿期阶段相对应。这样一来，这种仪式就得到了一种诠释，似乎它们所表达的思想是与精神错乱者或婴儿脑子里充斥的思想如出一辙。

让我举两个现代例子，来说明人们如何使用原始文化来支持

心理学上的见解。两者都经过了一系列相似的讨论，并且都因为没有搞清文化与个人心智之间的关系而使人误入歧途。

贝特尔海姆（Bettelheim）的《象征的伤害》（*Symbolic Wounds*）一书主要是对割礼与成长仪式的阐释。作者试图用澳大利亚人和非洲人的宗教仪式来说明心理学现象。他特别指出和讨论了心理分析学家过分强调女孩对男性性别的嫉妒，却忽略了男孩对女性性别嫉妒这一现象的重要性。他的这种观念最初源自对一群临近青春期的患有精神分裂症的儿童的研究。这一观点看起来好像十分合理而且重要。我绝不是意图批评他对精神分裂症的深入见解，但当他论述说那些经过精心设计的、使男性生殖器流血的仪式是用来表达男性对女性的生育过程的嫉妒的时候，人类学家就会抗议，说这是对公共仪式的不充分阐释。我们说它不充分，是因为它仅仅是描述性的。真正切入人类肉体的是某种社会的形象。在他引述的半偶族（moiety）和分为各部的部族——穆尔金人（Murngin）和阿兰塔人（Arunta）——的例子中，这种公共仪式的目的似乎更可能就是为了创造一个对偶社会平衡的象征。

另一本书是《对抗死亡的生命》（*Life Against Death*）。布朗（Brown）在书中，根据婴儿和精神病患者似乎想要表达的幻想，在"上古之人"的文化和我们自己的文化之间做了明确的比较。他们关于原始文化的共同假设出自罗海姆（Roheim 1925）：古人的文化是"自体成形"的（autoplastic），而我们的是"异体成形"的（allo-plastic）。古人通过对自我操控来求其所欲，通过在自己身上形成创伤的仪式来使自然丰产、女人顺服或狩猎成功。在现代文化中， 144
我们通过强大的技术来操纵外部环境，以满足我们的欲望。这就

是这两种文化之间最明显的区别。贝特尔海姆所采纳的正是文明社会区分仪式与技术的这种偏见。但他认为原始文化是由不充分、不成熟的人格所造成的。他甚至认为野蛮人之所以只有些微的技术成就，是因为他们在心理上存在缺陷。

> 如果无文字时代的人们有着像现代人一样复杂的人格结构；如果他们的防卫机制同样精确，良知同样精深；如果自我、超我、本我之间动态的相互作用是同样的错综复杂，并且如果他们的"自我"同样可以适应于面对和改变外界现实的话，他们早就把社会发展得同样复杂了，尽管会与我们的不尽相同。然而，他们的社会却仍然保持着较小的规模，而且在应对外部环境的时候，效果也相对不那么显著。其中的原因之一可能就是他们倾向于使用"自体成形"而不是"异体成形"的操作来解决问题。
>
> （第 87 页）

让我们像先前许多人类学家一样再一次声明：我们没有理由得出推论，说原始文化是一个原始类型的个体——他的人格类似婴儿或神经病患者——所造成。让我们促使心理学家把构建这样一个命题的三段论推理讲清楚。这整个论断的基础是一个假设，即仪式想解决的问题乃是个人的心理问题。实际上，贝特尔海姆接下来就把原始时代的仪式专家与受挫时砸自己脑袋的小孩子做
145 了比较。这一假设是他整部著作的基础。

布朗做出了同样的假设，但是他的推理更加细密。他并没有

假定说文化的原始状态源于个体的人格特质。他恰当地考虑到了文化的条件对个体人格的影响。但接着他就认为整体文化似乎可以与一个婴儿或一个有智力障碍的成年人相比较。原始文化诉诸躯体的魔法来实现它的愿望。它处于一种类似于婴儿肛门性欲期(anal eroticism)的文化进化阶段。

> 婴儿的性行为是对失去他者的“自体成形”式的补偿；升华是对失去自我的“异体成形”式的补偿。
>
> （第170页）

他继续论证道：上古文化被引向与婴儿性行为一样的途径，那就是逃避失落、分离与死亡这些残酷的现实。箴言的本质就是含糊不明。这是看待原始文化的另一种视角。我愿把它清晰地揭示出来。布朗仅是简要地论述了这个主题，如下所述：

> 古人的头脑被充斥着阉割情结、乱伦禁忌和阴茎阳痿之类的东西。也就是说，将性器官的冲动转变为抑制目的性的性本能(libido)，这种抑制维持了亲属关系的体系，古人的生活就植根于这一体系之中。技术的低水平决定了升华的低程度。依据先前的定义，这意味着一个更脆弱的自我，一种还没有(通过否定)与自身的性器官冲动达成一致的自我。结果就是所有婴儿期奇幻的自恋心理都以未升华的形态表现出来，146
> 从而使古人保持了这种魔法般的幼儿身体。
>
> （第298—299页）

这些幻象认为身体自身就能满足婴儿对那些无休止的、自给自足的享受的欲望。这些都是逃避现实，拒绝面对失败、分离与死亡。自我通过升华这些幻象而发展。它抑制身体的肉欲，否认排泄物的魔力，以此来直面现实。但升华又被另一套非现实的目标所替代，为自我提供逃避失败、分离与死亡的幻象。这就是我从这种论点中看到的内涵。精巧的技术强加在我们自身与我们婴儿期欲望的满足之间的物质越多，升华就进行得越有效力。但这种说法似乎也有问题。我们能不能说一个文明的物质基础发展越薄弱，升华的效力就越少呢？对基于原始文化的原始技术而言，关于婴儿幻想的类比，多精确才算有效呢？一种低级的技术怎样意指还没有（通过否定）与自身性器官的冲动达成一致的状况呢？我们在什么意义上说一种文化与另一种文化相比更加升华了呢？

很显然，这些都是人类学家不能解决的技术问题。但是有两点人类学家可以发表意见：一是我们能否说原始文化真的是非常着迷于排泄物的魔力的文化这一问题，其答案当然是否定的。另一个是原始文化是否真的在寻求对现实的逃避？他们真的是在使用他们的排泄物或是其他什么东西的魔力来补偿他们在外界领域所做的努力中遭遇的失败吗？答案也是否定的。

147 我们先谈排泄物魔力的问题。信息在这里受到了歪曲。首先是对有别于其他象征主题的身体主题的强调；其次是在原始仪式中表现出的对身体排泄物的肯定与否定的态度。

我们从后一点说起：原始文化中对排泄物和其他从身体上脱落下去的东西的使用，通常与婴儿的性爱幻想这一主题不相一致。排泄物非但不能被视为满足感的来源，反而使用它们就会受到谴责。存在于身体边缘的法力非但不能被认为是欲望的工具，反而常常被规避。如果只是随意泛泛读些民族志，人们常常会产生错误的印象，造成这种情况的主要原因有两个：第一个是提供信息者的偏见，第二个是观察者的偏见。

人们认为，法术师会使用从身体上脱落的东西去实现他们的邪恶目的。当然，在这种意义上，排泄物的魔力能够让使用者达到愿望，但是关于法术的资料都来自于那些自称是受害者的观点。那些所谓的受害者总是能够对法术专用的“本草”(materia medica)做出详细的叙述。但是，由公开身份的法术师所口授的“符咒用书”却比较少见。人们尽可以怀疑别人正在不法地使用身体排泄物来坑害自己，这是一回事。但这并不意味着提供信息者认为这些材料也可以由他们自己来使用。因此，某种视觉幻觉使得本来不可采信的证据被采信了。

观察者的偏见同样夸大了原始文化对身体残余物进行正面利用的程度。出于心理学家最熟知的多方面的因素，任何涉及排泄物魔法的描述似乎都涌现在读者眼前，并相当有吸引力。因此，第二种曲解便出现了。象征的丰富性和整体范围因而被忽略，或者说被同化成了少数几条粪便学原理。举例讲，布朗对温内巴戈印第安人的把戏鬼神话(我们在第五章提到过)的独特讨论，就是这种偏见的一个例证。在把戏鬼漫长的系列冒险期间，肛门主题只出现了两三次。我曾经引用这些场合中的一次：把戏鬼试图款待一下
他的肛门，就像它也是一个独立的人一样。这个神话故事给布朗 148
留下的印象是如此地独特，以至于他的观点让我误以为他已经以博学的方式追溯到了一个比雷丁更为根源的源头，他如此说道：

> 原始神话中的把戏鬼被未升华的、无伪装的肛门性欲所围绕。

根据布朗的说法，温内巴戈人的把戏鬼也是一位伟大的文化英雄："他可以用一个肮脏的把戏，以粪便、淤泥、黏土来创造世界。"他引用了神话中的一个事件作为例子，就是把戏鬼违反了不要食用某些块茎植物的警告。这样的食物会使他的肚子胀气，而这些气体的每一次喷发都会使他升得越来越高。他大声喊叫让别人来把他拉下去，但是正在感谢他们的时候，把戏鬼的最后一次喷气又把他们都驱散得远远的。正如雷丁所说，纵览这个故事，没有任何迹象表明把戏鬼的排泄是创造性的。相反，它是毁坏性的。考察雷丁列出的词汇表和引言就会发现，把戏鬼并没有创造这个世界，并且在任何意义上也算不上是一个文化英雄。雷丁认为，所引用的这个事件总体上有一种消极的道德寓意，这个道德寓意与把戏鬼"作为社会存在的逐步发展"这一主题相一致。关于因为过分解读而把太多的排泄物魔法偏见强加于原始文化的做法，我们就讲这些。

下一点涉及把肛门性爱与文化平行并置的问题。这一点的关键是质疑：在什么意义上，原始文化表达的是逃避分离与失败的现实这一主题？他们是不是在试图忽视死亡与生命的统一？我的感想倒恰恰相反：那些最清楚地赋予腐朽之物以力量的仪式正在做出最大的努力，来使人们确认现实的完整物质性。所以，使用身体巫术并非逃避。那些直率地发展了身体象征的文化正是敢于直面经历，不去逃离那些不可避免的痛苦与损失的文化。正是通过这样的主题，他们才能面对巨大的存在性矛盾。这一点我将在最后一章里做出说明。我在此仅简述一点，即它与婴儿心理毫无平行 149
性可言。迄今为止的民族志材料都支持原始文化视污物为一种创造性力量，而这就可以驳斥那种把此类文化主题与婴儿性行为做类比的想法。

为了纠正在这一问题上出现的两种曲解，我们应当仔细地把那些认为身体排出的污物是具有法力的想法的语境进行分类。在那些拥有祝福能力的人手中，它可以被用于祈福。在希伯来宗教中，血被认为是生命的源泉，除非在神圣的献祭情况下，血不能被触碰。有时，处于关键位置的人的唾液也被认为能够赐福。有时，过世的王者的尸体能提供原料来膏立他的王位继承人。例如，位于德拉肯斯堡(Drakensberg)山脉上的洛维杜人(Lovedu)的上一任女王腐烂的尸体被用来调制一种油膏，它可以使现任的女王拥有控制天气的能力(Krige，pp.273 - 274)。这些例子还可以举出很多。它们重复了前面章节所分析的主题，即这些力量之所以能够用以自我防卫取决于社会或宗教体系的结构。同样，身体排出的污物还会被用作仪式上的伤害手段。人们既可以将防卫结构归功于那些担任关键职务的人，也可以将其归罪于滥用其在结构中位置的巫师，或者归罪于那些激烈地攻击体系弱点的局外人。

但我们现在应该准备好触及真正核心的问题了。为什么身体排泄物会成为危险和能力的象征？为什么巫师们被认为要在成长或入道仪式中用流血、乱伦或食人肉来确证？为什么入道之后他们的法术——大部分由可以操纵他人或他物的能力组成——被认为存在于人体的边缘地带？为什么人们认为人体的边缘地带充满着能力和危险？

首先，我们要把公共仪式表达了人所共有的婴儿幻想这种观
150 点排除在外。这些被说成婴儿梦并要由身体接触来满足的肉欲幻象应该是人类共有的。因此，身体象征是全部象征资源的组成部分，而且它因为个体的经验而具有深刻的情绪性。但宗教对它的利用是有选择的，有的强调这里，有的强调那里。心理学受其本质所限，不能对各种文化的特殊性给予解释。

其次，所有的边缘地带都有危险。如果它们被这样或那样地拉扯，基本经验的外形就会不同。任何观念结构在其边缘地带都是薄弱的。我们应该想到，身体上的孔隙就是其尤为薄弱之处的象征。它们排出的东西是最明显的边缘事物。直接流出的唾液、血、乳汁、尿液、粪便或眼泪已经越过了身体的边界。从身体上剥落的东西——皮肤、指甲、剪下的头发和汗液也是一样。将身体的边缘从其他边缘中孤立出来是研究者的错误。我们没有理由把一个人对自己肉体与情感的经历所怀有的态度看得比他的文化与社会的经历更重要。沿着这条线索，我们可以理解在世界上的各种仪式中，人们对待身体的不同部位有着不同的方式。在有些仪式中，月经的污染被看作一种致命的危险；而在其他仪式中就根本没有关系（见第九章）。在有些仪式中，死亡的污染是每天都必须应对的，而在其他的仪式中就无此必要。在有些仪式中，排泄物是危险的，而在其他仪式中只是个玩笑。在印度，人们认为烹熟的食物和唾液是容易被污染的，但布须曼人却专门积攒从自己嘴里吐出来的瓜子，用于日后焙烧食用（Marshall Thomas，p.44）。

每一种文化都有其自身特有的危险与问题。一种文化信仰将

能力归因于哪处特殊的身体边缘，主要取决于身体所反映的是什么情况。我们内心最深处的恐惧与盼望，似乎总是以一种机智的方式被表达出来。为了理解身体污染，我们应该试图从已知的社会危险开始往回论证，一直到已知的对身体主题的选取，并尽力去辨别其中的适用性何在。 151

在探求个人关于自己身体当务之急的所有行为的最为简化的方式中，心理学家只是在坚守最后的底线。

> 曾经有一种评论以嘲弄的口吻反对心理分析学家，说他们在潜意识里把每个突出物与阴茎等同，把每个凹陷物与阴道或肛门等同。我发现这句评论是一个很精到的概括。
>
> [Ferenczi, *Sex in Psychoanalysis*（《性心理分析》），p.227]

坚守底线是每个研究者的职责。社会学家也有责任把别人的简化论与自己的简化论相比较。正如每种事物都是身体的象征这一说法是正确的，因此（而且更是如此），身体是每种事物的象征也同样是正确的。象征有着一层又一层的内在含义，直至深入到自我与身体的经历。社会学家有理由尝试超越象征而从另一个角度入手，得出一些关于自我在社会中的经历的洞见。

即使肛门性欲倾向在文化层面有所表达，我们也不能指望看到整个人群都卷入肛门性欲。我们必须努力寻找那种在文化上使肛门性欲合理化的类比，无论它是什么样的。在保守的意义上，这个过程就像弗洛伊德对笑话的分析。通过努力在语言形式与从语言形式中生成的乐趣之间找出关联，他煞费苦心地把对笑话的诠释简化成有限的几条抽象规则。没有哪个喜剧作家可能利用那些规则来创造笑话，但这些规则帮我们了解到了笑声、潜意识和故事结构的一些关联。这种类比是恰当的，如同污染就像幽默的逆反形式。污染不是笑话，因为它并不让人觉得可笑。但其象征的结构使用的对照和双重含义，则与笑话的结构同理。

152 有四种社会污染似乎值得区分：第一是在外部边界上施加的危险；第二是超出系统内部界限的危险；第三是界限边缘的危险；第四是当一些基本的假设被其他基本假设否定，以至于在某些点上看，体系在与自己纷争——也就是内部冲突的危险。在本章中，我会展示在这种令人不快的情境下，人们是怎样用身体边界的象征来表达社区边界的危险。

库尔格人（Coorgs）或叫斯里尼瓦人[①]的仪式给人以这样的印象，即他们是一个极其害怕危险的不洁净事物进入其系统的民族。他们似乎把身体看成一座被围攻的城堡，每一个入口和出口都受到严密防守，以防间谍或奸细潜入。任何从身体出来的东西都不允许再次进入，而且要严格地避免。最危险的污染就是那些已经排出了却又重新返回体内的东西。一个在其他标准看来微不足道的小小的神话为他们的这种行为和思想体系提供了解释，使得民族志学家不得不反复地讲述它。一位女神在每次小的力量或机智的考验中都击败了她的两个兄弟。由于将来的地位高低要取决于这些争斗的结果，他们决定用一个计谋来击败她。他们引诱她把她嘴里嚼的槟榔拿出来，看是不是比她兄弟嘴里的更红，然后再将

① 指印度西南部达罗毗荼人的一支。——译者

槟榔放回嘴中。当她意识到自己吃下了曾经在自己嘴中——因此已被唾液所污染——的东西时，纵然哭泣哀叹也还是要接受失败的事实。这一个错误宣告了她先前所有的胜利都是白费，她的两个兄弟的地位将永远高于她，就像这是他们天然的权利。

库尔格人在印度的种姓体系中也有一席之地。我们完全有理由认为他们并非印度种姓制度的例外或其偏离形式（Dumont & Peacock）。因此，他们也跟整个种姓制度体制一样，用洁净程度来看待社会地位高低。最低下的种姓是最不洁净的，而且正是他们卑微的服务使更高的种姓得以避免身体的不洁。他们洗衣服、剪 153
头发、处理死尸等。整个系统代表的是一个形体，在这个形体之内劳动分工得以实现：头脑作思考和祷告用，而最低等的器官用来清除身体排泄物。在地方范围内，每一个次种姓社区都十分关注自己在纯洁程度表上的位置。从自我的角度看，种姓洁净的体系是向上构造的。处在他之上的人更加洁净。所有处在他之下的种姓——即使他们彼此之间的关系错综复杂、很难相互区别——对他而言都是污染。因此，对于任何在体系内部中的自我来说，造成威胁的非结构（non-structure）——为了对付它，界限必须被设定起来——一定要处在下层。具体到身体功能的象征上，低种姓因为要接触粪便、血和尸体，所以在种姓结构中被视为贱民。

库尔格人和其他种姓制度一样害怕外面和下面的事物。但是他们生活在偏远的深山里，是一个与世隔绝的社区，与周围世界只有偶然的而可控制的接触。对于他们来说，人体“出口”与“入口”的模型更是象征恐惧的双重焦点，因为他们是一个更大社会中的少数群体。我在这里想说的是，当仪式用来表达对身体孔洞的焦虑时，它在社会学上的对应物是对保护这个少数族群的政治与文化的团结的关注。以色列人在他们的历史上一直是一个饱受欺压的民族。在他们的信仰中，所有从身体之中排出的东西都有污染性，如血、脓、排泄物、精液等。他们的政治实体边界易受威胁，准确地表现在他们对物质身体的整体性、统一性与纯洁性的关注之中。

虽然印度的种姓制度体系囊括了所有民族，但各个民族又是一个独特的文化单元。任何地区的任何次种姓都可能成为一个少数群体。其种姓地位越洁净越高贵，越可能成为一个少数群体。因此，厌恶触摸尸体和排泄物不仅表达了整个体系中的种姓次序，
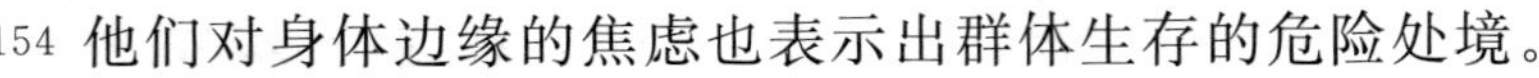
154 他们对身体边缘的焦虑也表示出群体生存的危险处境。

思考印度人对排便的个人态度将使我们看到，对于种姓污染的社会学解释要比精神分析学解释更加可信。我们知道，在仪式中触摸粪便就是被玷污。因此厕所清洁工处于种姓等级制度中的最底层。如果这种污染的准则表达的是个人的焦虑，我们就有理由期待，印度人对于排便的行为是严加控制且十分隐秘的。但下面一段文字则会使读者大跌眼镜，他们的寻常态度是对此根本无所谓，且已达到了除非清扫工跟着屁股收拾，不然人行道上、走廊里和公共场所到处都会散布着粪便的程度。

> 印度人随处排便，主要是在铁轨旁边，但也在沙滩上、街道中，而且从不遮掩……一段时间后，这些蹲踞状的身影——对看到它们的人来说，就像罗丹的“思想者”一样成了永恒的姿势——就永远不会再被谈及了；它们永远不会被记录下来；在小说和故事中不会被提起；在故事片或纪录片中也不会出

> 现。人们可以认为这只不过是一种可以理解的粉饰，但事实上印度人确实对这些蹲踞者视而不见，甚至相当诚恳地否认他们的存在。
>
> （Naipaul，Chapter 3）

这与其说是“口腔性爱”和“肛门性爱”，倒不如说种姓污染只是一种自圆其说的口实来得更恰当。这是一种基于身体形象的象征体系，其主要关注在于社会等级中的排序。

印度人的例子还可以用于追问这个问题：为什么唾液和生殖器排泄物比眼泪更加具有污染的倾向。让·热奈（Jean Genêt）写道：如果我可以痛饮某人的眼泪，为什么从鼻子流出来的清澈物就不能喝呢？对于这个，我们可以回答：首先那种鼻子的分泌物不像眼泪那样清澈，那些东西更像糖浆而不是水的样子。当眼中涌出的也是浓稠的分泌物时，它便和鼻子的分泌物一样没有任何诗意。但可以确定，快速流淌的眼泪是浪漫主义诗歌的重要素材：它们不会污染其他东西。这里部分原因是因为对于洗涤的象征意义来说，眼泪很自然地处于优先位置。眼泪就像流动着水的河，它们使眼睛纯净、清洁、得到濯洗，又怎么会污染呢？比这个更为重要的是，眼泪的作用与身体的消化或生殖的功能是不同的。因此，它们对社会关系和社会过程的象征作用的范围就会狭窄一些。当我们对种姓结构进行考察的时候，这一点尤为明显。因为在纯净的种姓等级体系中，地位是世代传递的，所以性行为在维持种姓的纯净上非常重要。出于这个原因，在上等种姓中，边界的污染特别地集中在性行为上。个人的种姓身份由母亲决定。即使她嫁到更高的

阶层，她的子女继承的还是她原先的种姓。因此，女性是种姓地位的门径。女性的纯洁被慎重地保守着。如果一个女人被发现与一个比她低种姓的男人发生性关系，她就会遭到严惩。男性则没有在性行为上保持纯洁的义务，因此，男性的淫乱相对来说不算是严重的事件。举行一个小小的净礼仪式，就可以使一个与比他低种姓的女人有性关系的男人得以洁净。但是，他的这种性行为不能完全地使他逃避忧虑的负担，边界污染的担忧已经附着在他身体上了。根据印度教的信仰，精液中蕴藏着一种神圣的性质，绝不可浪费。在一篇深入剖析关于印度女性的洁净的论文(1963)中，雅尔曼(Yalman)说道：

> 虽然女性的种姓洁净必须受到保护，而男人却可能被允许有比她们大得多的自由，但毫无疑问，男人还是最好不要浪费他们精液中含有的这种神圣性。众所周知，他们被告诫不仅要避开低种姓的妇女，还应该避开其他所有的妇女
> 156 (Carstairs，1956，1957；Gough，1956)。因为精液的丧失就是那种强有力的东西的丧失……最好是永远不要和女人行房。

男性和女性的生理机能好比血管，血管一定不能被倒空，也不能去稀释这种维持生命所必需的液体。在字面意义上，女性被恰当地视为一个门径，通过这个入口，里面洁净的东西就可能受到掺杂而不纯。男性被视为一个孔洞，那种珍贵的特质通过它而渗流出来并丧失，整个系统因此而变弱。

一种双重的道德标准经常应用于性侵犯上。在一个父系氏族社会的家族体系中，所有的妻子是进入此群体的门径。这样一来，她们所处的地位就类似于印度种姓制度中的姐妹关系。如果某个妻子与人通奸，不纯净的血便会被引进家族里。因此这种不完美的器皿的象征意义自然而然地成为了女人身上沉重的负担，而男人却没有这样的负担。

如果我们把传统的对身体上的孔洞的保护视为一种关于出口与入口的社会重要事务的象征，熟食的洁净将变得更为重要。我引用一篇关于烹熟食物的被污染与携带污染力的文章来说明（这是一篇没有署名的关于洁净与不洁净的评论文章，见《印度社会学的贡献》第Ⅲ辑（*Contributions to lndiam Sociology*. Ⅲ, July 1959, p.37）：

> 当一个男人使用某种东西时，这种东西便成了他的一部分，和他成为一体。这种占有在食物的例子中无疑更加贴切。关键一点是这种占有是在吸收之前，因为它与烹烧食物是同时发生的。烹烧食物可以被认为是暗示着这一个家庭对食物的完全占有，几乎是在食物被人“内在吸收”之前，通过烹烧就把它全部地预先消化了。一个人不能够只分享别人预备好的食物而不分享他们的特性。这是这种情况的一个方面。另一个方面是烹熟的食物是极其容易被污染的。

这读起来很像是对印度污染象征体系中有关“烹熟的食物”的 157
一个正确的直译。但通过一个描述性的解释（如果它是能够被解释的话）我们获得了什么呢？在印度，做饭的过程被视为吸收的前奏。因此正如吃饭一样，煮饭也十分容易遭到污染。但是为什么这种情结存在于印度、波利尼西亚的部分地区、犹太教以及其他地方，而不是说只要有人坐下吃饭的地方情况就是如此呢？我认为除非社会体系的外部边界处于压力之下，否则食物是不容易被污染的。我们可以进一步解释，为什么在印度，烹烧食物的过程实际上必须在仪式意义上是洁净的。种姓地位的洁净与各种姓的人们之间细致的世袭劳动分工相关，每一个种姓所从事的工作都承载着一个象征意义：就是它能够对所讨论的种姓的相对纯洁状态做出表达。某些类型的工作与身体的排泄器官功能相对应，例如我们已经讨论过的洗衣工、理发师、清扫工。某些工作会牵涉到一些流血的事情或酒精，如制革工、武士、棕榈榨汁工。因此，他们在“种姓纯洁度”上处于低级位置，因为他们的职业与婆罗门的理想不一致。但是，食物在上餐桌之前被加工之处，也就是洁净结构与职业结构之间的关系需要加以纠正之处。因为食物是由铁匠、木匠、绳索匠和农民等各个处于不同程度的洁净状态的种姓的人共同生产出来的，所以在摄入之前，一定要有一些明显的象征性间歇，来表示食物已经与那些必须但不够洁净的联系隔断了。由洁净的手进行的做饭过程就提供了这种仪式意义上的间歇。但我们将会发现，在很多间歇期里，食物始终是由相对不洁净的手烹制出来的。

原始仪式一定与社会秩序和存在于其中的文化相关联，上述
158 这些就是它们与之相联的几个总体性纲领。我所举出的例子都很粗糙，目的只是对当前对待仪式性主题的某种态度提出一种全面的反对意见。我又添加了甚至更为粗糙的一点来对我的观点进行

强调，即许多心理学家反复引用的关于尤罗克人（Yurok）污染观念的文献（Erikson，Posinsky）。加利福尼亚北部的这些印第安人在克拉马特河（Klamath River）中捕食鲑鱼为生。如果说他们的污染规则也是偏执的某种表现形式，那么他们似乎是偏执于液体的行为。他们很小心地不把好水和坏水混合、不向河中排尿、不把海水与淡水混合等。我坚持认为这些准则并没有强迫性神经官能症的隐含意义，我再次讲，除非考虑到他们的高度竞争的社会生活中那些流动而无定形的东西，否则这些准则就难以得到说明（Dubois）。

总而言之，在个人的重要事务与原始的仪式之间无疑存在着一种关系。但是，这种关系并不像某些心理分析学家所认为的那样简单。当然，原始仪式来自于个人的经历，这是不言而喻的。但是它对个人经历的利用是如此地有选择性，以至于我们不能说它主要是受了解决个人问题的需要——这是人类所共有的情况——的启发。临床心理研究也很少能够对其加以解释。原始人类并不是通过公共仪式来医治或阻止个人的神经机能障碍。心理学家可以告诉我们公开地表达出个人的焦虑就可以解决个人的问题。我们当然必须设想某些类别的互补是可能的。但这并不是我们的争议所在。除非我们把仪式看作是“对创建并维持一种特殊的文化，即一系列约束经验的特殊设想的尝试”，任何对于仪式的象征作用的分析将难以展开。

任何文化都是一系列相关的结构，包括社会形态、价值观念、宇宙哲学和整体知识体系。通过它们，所有的经验都能得到调和。特定的文化主题由调控身体的仪式表达。在最抽象的意义上，原

始文化可以被认为是“自体成形”的。但这些仪式的目的却不是消极地逃避现实。把这些仪式的意图比喻成婴儿在无奈之下吸吮手
159 指或手淫是毫无用处的曲解。仪式演示的是社会关系的形式。通过直观地表现这些关系，它能使人们认识自身所处的社会。通过物质性的身体这个象征性的媒介，仪式作用于身体政治（body politic）。

第八章　内部区隔 160

20 世纪初，人们认为关于传染的原始观念与伦理学无关。这是被称作魔法的特殊仪式类别在学术讨论中被确立时的状况。如果污染仪式被说成与道德有某些联系，它就会干脆被放到宗教领域之中。要想完成我们对于早期宗教在早期人类学手中遭遇的考察，就需要说明污染实际上与道德大有关系。

的确，污染规则与道德规则并不严格吻合。一些种类的行为或许被认定是错误的，却并不必然激起污染信条，而其他一些并不被认为是非常值得谴责的行为却被看作是污染的和危险的。我们发现在很多场合错误的东西也是污染的。污染规则仅仅聚焦于一小部分被道德所谴责的行为。但是我们仍要问一个问题：污染是否以武断的方式触及道德？

要回答这个问题，我们需要更近距离地考虑道德情境以及良知 161
和社会结构之间的关系。大体上，私人的良知或意识与公共道德准则持续不断地互相影响。正如大卫·波尔(David Pole)所言：

> 公共准则制造和塑造私人良心，同时也反过来被私人良知重造和重塑……在真实的互惠过程中，公共准则与私人良知一同流动：两者都互为对方的源泉互为对方的补充，引导与

> 被引导着。两者都类似地被重新改向和拓宽。
>
> （第 91—92 页）

通常在两者之间做出过多区分是不必要的。然而我们发现除非我们能够进入到一个中间地带，我们将无法理解污染这一领域。这个中间地带介于个人准许自己的行为与准许他人的行为之间；介于个人承认的法则与他自己热烈渴望的与法则相矛盾的东西之间；介于他在长期范围内准许的与他在短期内准许的东西之间。在这所有之间有一个差异的范围。

我们应当从一开始就承认道德情境不易界定。它们更通常的情况下是朦胧的、矛盾的，而不是清晰易辨的。道德规则的本性就是概括的，它在某一特定情境下的应用必然是不确定的。例如，努尔人相信在地方社区之内杀人和乱伦是错误的。但是一个人可能由于遵从另一个被准许的行为法则而违反了禁止杀人的法则。由于努尔人从小就被灌输这样的教育，即通过武力来保护自己的权利，因而任何人都有可能无意地在争斗中杀死同村的人。此外，被禁止的性关系法则极为复杂，世系计算在一些方向上又相当粗略。
162 一个男人很难确定自己与一个女人之间是否存在着禁忌关系。因此，对于什么行为是正确的有着不止一个观点。对于什么与道德评判有关与别人对该行为结果的看法总是有着不同意见。与道德规则相对应的污染规则，却毫不含糊。它们并不依赖于意图或者是权力和义务之间的制衡。唯一实质的问题是被禁止的接触是否发生。一旦污染危险被策略性地置于道德准则中的关键要点上，它们就会在理论上强化道德准则。然而，这种策略性地分配污染准则

是不可能的，道德准则生来就不能被简化成什么短平快的东西。

然而，随着我们更近距离地观察污染和道德态度之间的关系，我们会发现一些非常类似于试图用这种方式支撑简化了的道德准则的东西。处在同一个部落中，努尔人无法判断自己是否犯了乱伦。但他们相信乱伦会以皮肤病的形式带来不幸，而这又可以通过牺牲献祭逆转。如果他们知道自己已经招致了危险，他们就实施献祭；如果他们料想关联程度十分疏远，因而危险不大，他们就会任由皮肤病的出现或消失来解决问题。因此清晰的污染规则能够解决不确定的道德问题。

努尔人对于接触他们认为是危险的东西在态度上并非坚决抵触。他们或许会对母子乱伦的事例感到惊诧，但也有很多对他们来说是禁忌的关系并不会激起这样的谴责。一件“轻微的乱伦”可以在任何时候发生在关系最好的两家之间，他们认为通奸的影响对那被伤害的丈夫来说是危险的。他如果在妻子和他人通奸之后和妻子性交就有可能背痛，这种症状只有在通奸者提供动物用作牺牲后方能转移和痊愈。但是，尽管通奸者可能在被抓个正着时 163
来不及做出补偿就被杀掉了，努尔人似乎并不全部否定通奸行为本身。人们有这样的印象，即追求他人的妻子是一项冒险的运动，很多男人在正常情况之下都会因受到诱惑铤而走险尝试一下(Evans-Pritchard 1951)。

同一个努尔人既有对污染的恐惧，也能做出道德的判断。人类学家不相信对乱伦和通奸那致命的惩罚是由他们严厉的神灵为了维持社会的结构而从外部施加在他们身上的。当通奸和乱伦的禁忌被打破，社会结构的完整性就受到了威胁。这是因为当地的社会结构取决于由乱伦规则、婚姻支付以及婚后地位界定的人的分类。要想构建这样一个社会，努尔人显然需要对通奸和乱伦做出一系列复杂的规定。并且，为了维持这样一个社会，他们必须用犯禁接触所带来的危险做出威胁来支撑规则。这些规则和制裁表达了努尔人在普遍问题上的公众良知。任何一桩个别的通奸或者乱伦的案子都会在其他方面引起努尔人的兴趣。男人似乎更认同通奸者而不是受到侵害的丈夫。当面对个别的案例时，他们的道德谴责感并不是代表着婚姻和社会结构。这就是污染规则和道德判断之间出现差异和矛盾的一个原因。这暗示出污染规则可以具有另一个有用的社会功能——那就是当道德谴责滞后松懈的时候将其重新整合。努尔人中那些因通奸污染而丧失能力甚至病入膏肓的丈夫们被认作是通奸者的牺牲品：除非后者缴纳罚金并且提供献祭牺牲，否则一条生命将会死在他手上。

这个例子也暗示了另外一个普遍的观点。我们已经列举了一些在努尔人看来是道德上中性的行为，但他们相信这些行为也会
164 引发危险力量的释放。还有一些种类的行为被努尔人认为必须严加谴责，但又并不被看作能够自动招致危险。例如，对于儿子来说，尊敬父亲被认为是积极的义务，子女不孝顺不尊敬父亲的行为也被认为是非常错误的。但对岳父母的不尊敬会带来自动的惩罚，对父母的不尊敬则不会。这两种情境的社会区别在于，父亲作为联合家庭的首领以及群落的管理者拥有强有力的经济地位并能确保其高位，而岳父或岳母却不是这样。这符合普遍的原则，即当愤怒感能够被社会秩序中的实际制裁充分支持时，污染就不会发生。简单来说，在令人发指的行为有可能不受惩罚之处，污染观念

才会被用来补充其他制裁的缺位。

总之，如果我们能够从努尔人的全部行为中提取出被谴责为错误的某种特定种类行为，我们就能够得到一张努尔人道德编码的地图。如果我们能够再绘制一张他们污染观念的地图，我们就将发现它与道德框架在这里或那里相交，但绝不与其相合。他们污染规则的一大部分都关乎丈夫与妻子以及双方家庭之间的礼节。那些被认为会降临到违反规则者头上的惩罚可以由拉德克里夫-布朗的社会价值公式解释：这些规则表达了婚姻在那个社会中的价值。这都是些具体的污染规则，例如禁止妻子饮用作为其聘礼的牛所产的奶。这样的规则并不与道德规则相一致，尽管它们很好地表达了对普遍态度的认同（如对丈夫的牧群的尊重）。这些规则只是间接地与道德规则相关联。这也仅限于它们使人们注意到行为的价值。这与社会结构也有着些许关联，因为道德规则本身总要与同样的社会结构有关联。

还有其他的污染规则，它们与道德规则接触得更为紧密，例如 165
那些禁止在地方社群内乱伦或杀人的规则。污染观念通过提供一种针对错误行为而非针对个人的惩罚，也就向公认的道德系统提供了支持手段。努尔人的例子提出了如下的一些方式，以使污染观念能够支持道德规则：

1.当一个情境在道德上模糊不清时，污染观念能提供一个规则来判断侵害是否会随之发生；

2.当道德原则发生冲突时，污染规则会通过提供一个简化的关注焦点来减少混乱；

3.当道德上被认为是错误的行为没有引发道德上的愤慨时，

相信有害后果会随之发生就能加剧担忧的效果，从而将公众舆论汇聚到正确的一边；

4.当道德愤慨没有得到实际制裁的支持时，污染的观念能够提供对做坏事者的威慑。

最后一点可以被扩大延伸。在小规模社会中，报偿的机制从不可能非常强大或者其行为十分确定。我们发现污染观念在两个不同的方面强化了它。要么是违规者成为自己行为的受害者，要么是某个无辜的受害者遭受危险的冲击。在这方面，我们当然会看到一些有规律的差异。任何社会系统中都会有一些被有力控制的道德规范，但打破这些道德规范却不能受惩罚。例如，当自助成为纠正错误唯一的方式时，人们为自保而组成团体来为其成员寻求复仇。在这样的体系中，当一个杀人犯在团体内部干坏事时就

166 很难被施以报复。故意杀死或哪怕是放逐团体内的成员都是违反首要原则的。在这样的情形下，我们一般会期待污染危险降临到残杀兄弟的人头上。

这与那些不落到违规者头上而落到无辜者身上的污染危险是截然不同的问题。我们已经看到，当妻子有了通奸的行为之后，无辜的努尔丈夫的生命就处于危险中。这一主题有很多变体。通常情况下是犯罪的妻子，有些时候是受伤害的丈夫，大多数情况下是他的孩子性命会处在危险之中。男性通奸者自己通常不会被认为有什么大危险，尽管昂通(Ontong)爪哇人持有这样的观念(Hogbin，p.153)。在上面提到的残杀兄弟的例子中，道德的愤慨并不缺乏。难题在于这是一个实际的问题，即怎样惩罚而不是怎样挑起针对犯罪行为的道德激愤。危险代替了积极的人类惩罚。在通

奸污染的例子中，认为无辜者处于危险之中的观念能够帮助谴责犯罪者，激起对其罪行的道德情绪。因此在这样的例子之中污染的观念强化了对积极的人类惩罚的要求。

收集和比较大量的例子超出了本研究的范围。但是这个领域如果用文献研究来处理会很有意思。认为通奸污染会将受伤害的丈夫、尚未出生的或者已经出生的孩子、越轨的或者是无辜的妻子置于危险之中的确切的境况是什么？凡是在一个社会系统中的秘密的通奸会带来危险，而其中的某人在通奸被揭露后有权声称他受到了伤害，污染观念就会作为犯罪行为事后的侦探而发挥作用。这符合上述努尔人的例子。另一个例子是由一位尼亚库萨人丈夫提供的：

> 如果我一直很好很强壮，却发觉自己走路或者锄地会感
> 到疲劳，我就会想："出什么事儿了？我一直很好，可是现在我
> 却感到这么疲乏。"我的朋友说："是因为女人的缘故，你和一 167
> 个月经期的女人睡觉了。"如果我吃饭之后开始腹泻，他们就
> 会说："是因为女人们的缘故，她们一定与人通奸了！"我的妻
> 子们断然否认。我们去做占卜，找出犯事者来；如果她同意，
> 就这样；如果她不承认，在过去我们就会动用毒药神判。女人
> 自己喝下药我不用喝。如果她吐了，那么就证明我错了，女人
> 是好女人，但是如果她没吐，那么她的父亲得给我一头牛作为
> 补偿。
>
> （Wilson，p.133）

与之相类似，人们认为如果一个妇女在怀孕期间通奸就会流产，哺育婴儿期间通奸那婴孩就会死亡。每一例公开承认的通奸都可能会有人得做出流血补偿。只要女孩在青春期之前正常结婚，接着就怀孕和生产，哺乳三四年后接着又怀孕的话，那么丈夫理论上就能够确保其直至绝经期都不会发生任何不忠行为。此外，这样妻子本人的行为也一直要冒生产过程中孩子和自己生命受到制裁的极大风险。所有这些都是有意义的。污染观念在这里支撑了婚姻关系。但是我们仍旧没有接近问题的答案，为什么在一些案例中丈夫是受害者，在其他情况下生产中的妻子或者孩子是受害者，在另一些情况下例如在本巴人中，夫妻中无辜的一方却成了受害者，他们会自动地处于危险之中呢？

对这一问题的回答必须基于对婚姻中权利和义务的分配及各方不同利益和优势的细致研究。危险发生的不同方式使道德判断指向不同的个人：如果妻子自己处于危险之中，甚至在生产当中生命受到威胁，那么愤慨就汇聚到诱惑她的人身上。这表明了这种社会中的妻子因为不正当行为被打的可能性很小。如果丈夫的生
168 命处在危险之中，那么谴责大概就会落在妻子和她的情人身上。让我们大胆设想一步（更多是作为一个可供检验的建议而不是对其本身稳固性的信心），出于这样或者那样的原因当妻子不能被公开惩罚时，危险有没有可能降临到她头上？或许因为村庄里她的同族人保护着她？我们可以设想相反的例子，当危险降临到丈夫的头上，是否就成了另一个将妻子暴揍一顿的理由，或者至少也唤起了团体成员对她放纵行为的集体谴责呢？在这里我想说的是，在一个婚姻稳固、妻子受到严格控制的社会里，通奸的危险一般会

落在受侵害的丈夫头上。

到目前为止，我们已经讨论了污染支持道德价值的四种途径。事实上，污染比道德过失更容易被取消，这给我们提供了另一种情境。一些污染过于严重，以至于造成污染的罪犯必须偿命。但大多数的污染都有简单的取消其效用的补救方法。有倒转、化解、掩埋、清洗、勾销、熏香等仪式。这些仪式只需要很少的时间和精力就能够令人满意地祛除污染。道德罪过的取消有赖于被侵害一方的精神状态和打消报复心的甜言蜜语。有些冒犯行为的社会结果在所有的方向上撕裂，并且永远不可能被逆转。这时，和解仪式能表示对错误的埋葬，因而具有所有仪式的创造性效果。它们能够帮助抹去错误行为的记忆，并且鼓励正确感觉的发展。社会试图将道德过错降低为污染罪过，从而通过仪式将其尽快清除，这对社会的稳定来说最为有利。列维-布留尔列举了许多净化仪式的例子（Levy-Bruhl，1936，Chapter Ⅷ），他的洞见是注意到归还行为本身具有除罪仪式的地位。他指出，以牙还牙的规则如果仅仅被看作是满足野蛮的报复需要的话就是被误解了：

> 出于对与一种行为相等和相似的反行动的需要，这与以牙还牙的规则（*law of talion*）相关……因为他经受了一次攻击，留下了一个伤疤，遭受了一个坏事，他感觉自己暴露于邪恶的势力之下。不幸的威胁悬于头顶。为了使自己安心，重获平静与安全，那已经被释放出来的邪恶力量必须被阻止或被中和。只有在使他遭受痛苦的行为被相反方向上相似的行为抵消才能够获得这一结果。这对原始民族来说恰恰是报复

能够获得的东西。

（第 392—395 页）

列维-布留尔并没有错误地推想一个纯粹的外部行为是充分的、足够的。他注意到，人类学家自此也不断关注到将内在心灵和精神与公共行为相协调所需要的艰辛努力。外在行为和秘密情感之间的冲突是频繁发生的焦虑和预期不幸的来源。这是一个新的矛盾，它有可能来源于净化行为本身。我们因此应当把它看作是一种自动产生的污染。列维-布留尔提供了很多这种例子，他称之为恶意（ill-will）的蛊惑效应（第 186 页）。

这些污染如同巫术，潜伏在可见的行为和不可见的思想之间。它们是来自结构断裂处的危险。像巫术一样，它们具有与生俱来的破坏力量，这种破坏力量不依赖外部行为或是任何刻意的意图而存在。它们本身就是危险的。

祛除危险有两种截然不同的方式：一种是无须追寻污染的原因且不寻求附加责任的仪式；另一种是忏悔仪式。表面上看起来，它们像是应用于不同的情境。努尔人的献祭就是第一类的例子。努尔人将不幸和带来不幸的过错联系起来，但是他们并不试图将
170 一个特定不幸与一个特定的过错联系起来。问题被看作是学术性的，因为所有案例能够借用的手段都是同样一个：献祭。我们已经提及的通奸案例是一个例外。人们有必要知道谁是通奸的人，只有这样才能够让他贡献出供献祭用的牲畜并交纳罚金。仔细思量这个例子，我们能够看出认罪能够准确地确定过错的性质并且能够加以谴责，因而是要求补偿的可靠基础。

当净化本身被认作是对道德过错的适当处理方法时，在污染和道德之间就有了崭新的关系。包括了污染和净化的观念复合整体就成了一个安全网，它允许人们根据社会结构像杂技演员在高空走钢丝一样表演。走钢丝的杂技演员挑战着不可能，轻盈地挑战地球引力。简单的净化能够使人们挑战他们社会系统中的冷酷现实而免受责罚。例如，本巴人对他们净化通奸的技术很有信心，尽管通奸在他们看来是有致命危险的，他们仍旧会情不自禁受控于短期的欲望。这个案例我将在下一章里详细讨论。这里要讲的是理查兹博士(Dr. Richards)所讲的人对性的恐惧与性给人的享乐之间的尖锐矛盾(第 154—155 页)，以及在克服和战胜恐惧的过程中净化仪式所扮演的角色。她强调没有一个本巴人会认为对通奸污染的恐惧能阻止什么人通奸。

从这里我们被引领到将污染和道德联系到一起的最后一点。任何象征复合体都具有其自身的文化生命，甚至能够在社会制度的发展中取得主动。例如，在本巴人中，他们的性污染规则在表面上似乎表达了对夫妻忠诚的赞同。在实际运作中，离婚却十分普遍。这使人有这样的印象(Richards，1940)，人们以离婚再婚为手段来避免通奸污染。原定目标的这种激进偏转只有在其他瓦解力 171
量起作用时才有可能。我们不能就此推测污染恐惧突然撕扯和吞噬了社会系统。但具有讽刺意味的是，它们能够为那些打破它们原先支持的道德规则的行为提供独立的立足之地。

污染观念能够通过聚焦于一个简单的物质事件而从一个场景中的社会和道德层面被抽离出来。本巴人相信通奸污染要以火为载体。因此小心的家庭主妇们执迷于保护她们的炉火，使其免受通奸、月经以及杀人的污染。

> 这些观念的力量以及它们影响日常生活的程度怎么夸张都不为过。在乡村的做饭时间，孩子们被派到各处，从那些在仪式上纯洁的邻居那里取“新火”。
>
> （第 33 页）

他们对于性的焦虑何以从床上转移到砧板上是下一章将要讨论的问题。但是保护火的需求却有赖于控制着他们宇宙的力量形貌。死亡、鲜血与寒冷面对着它们的对立面：生存、性和火。这六种力量都是危险的。三种正面力量若不彼此分隔开来就是危险的。它们接触到死亡、血液或寒冷也会处于危险之中。性行为必须通过只有夫妻才能彼此施行的净化仪式与生活的其他部分分隔开来。通奸者是公共的危险，因为他的接触能够污染所有的灶台，并且他本身不能被净化。我们由此可以看到有关他们社会生活的焦虑仅仅是对本巴人性污染的部分解释。要解释为什么火（而不
172 是，例如他们的邻族所相信的盐）会传达污染，我们需要更加细致地研究各种象征本身的系统关系。

关于污染和道德之间的关系，我只能做这些粗略的概括。在返回到将社会看作是一套复杂的中国套盒的观点之前，揭示这一关系远非简单直接这一事实是很有必要的。每个系统都有其次系统，每个次系统又有自己的子系统，只要我们愿意应用这种分析，它的内容会层出不穷。我相信人们都把他们自己的社会环境看作是由其他参与者与被必须遵守的界限划分开的人们组成的。一些

界限由严格的物理制裁维护着。有些教堂不允许流浪者睡在长凳上，否则教会管理员就会叫警察。归根结底，印度的低等种姓因为有相似的社会制裁才习惯性地守在自己的地方。随着种姓制度从低到高，政治经济的力量也来帮助维持这个体系。但只要在界限不稳定的地方，就会有污染的观念前来相助。身体跨越社会屏障会被认为是危险的污染，会导致我们刚刚考察过的种种后果。污染者成了被双重谴责的邪恶对象，首先因为他跨越了界限，其次因为他给别人带来了危险。

173

第九章　系统自身的交战

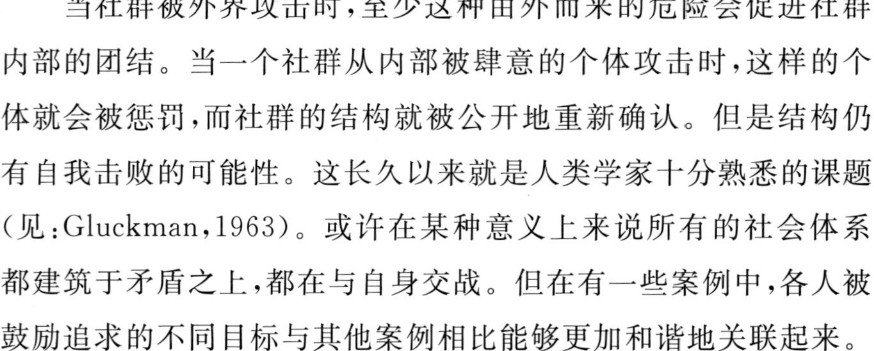

当社群被外界攻击时，至少这种由外而来的危险会促进社群内部的团结。当一个社群从内部被肆意的个体攻击时，这样的个体就会被惩罚，而社群的结构就被公开地重新确认。但是结构仍有自我击败的可能性。这长久以来就是人类学家十分熟悉的课题（见：Gluckman，1963）。或许在某种意义上来说所有的社会体系都建筑于矛盾之上，都在与自身交战。但在有一些案例中，各人被鼓励追求的不同目标与其他案例相比能够更加和谐地关联起来。

性别协作生来就是多产的、建设性的，是社会生活的普遍基础。但有时我们会发现性制度却不是互相依赖与和谐的，而是表达了严格的分隔和强烈的对抗性。迄今为止，我们已经注意到了一种性污染，它所表达的欲望是要保持身体（肉体的和社会的）童贞。制订出规则来控制入口和出口。另一种性污染源于保持社会
174 体系内在界线僵固纯洁的欲望。在前一章中，我们注意到社会规则是如何控制那些毁坏界线的个人接触的，规则是如何控制通奸、乱伦等行为的。但是以上这些绝未穷尽性污染的类型。第三种类型或许来源于同一文化赞许的不同目标之间的冲突。

在原始文化中，两性的区分几乎是社会首要差别的代名词。这就意味着一些重要的制度总是基于两性差别之上。如果社会结

构组织薄弱，那么男人和女人仍会希望依从自己的喜好选择或是抛弃自己的性伴侣，而不对整个社会造成严重的后果。但是如果原始的社会结构连接严密的话，它几乎一定会对男女关系造成极强的制约。正如前一章所显示的，我们会发现污染的观念被用来将男人和女人约束在他们分内的角色中。

我们应当立即注意到一个例外。在性别角色被直接强制的社会中，性有可能不会有污染。在这样的例子中，任何威胁要出轨的人都会立即得到体罚。这要求管理的一致性和效率，这在其他任何地方，尤其是原始社会中是十分少见的。我们可以将中澳大利亚的瓦尔比里人（Walbiri）作为例子来研究，这个民族毫不踌躇地施加强制力来确保个人的性行为不会破坏基于婚姻关系之上的那部分社会结构（Meggitt）。澳大利亚其他地区也一样，社会体系的一大部分都有赖于规范的婚姻规则。瓦尔比里人生活在艰苦的沙漠环境。他们十分清楚在这种环境下社群生存的困难，他们文化的目标之一就是依照群体内成员的能力和需求规定所有成员都有工作的义务，同时也有被照顾的权利。这就意味着照顾弱者和老人的责任落到了强壮者的肩上。整个社群中，人们遵守着一个严
格的规则，那就是年轻人要顺从于老人，女人要顺从于男人。已婚 175
妇女通常远离她的父亲和兄弟居住。这就意味着，尽管在理论上她受父亲和兄弟的保护，实际上这种保护毫无效力。她在丈夫的控制之下。作为普遍的规则，如果女性完完全全地从属于男性，那么男性统治的法则就不会有什么问题。每当应用时，法则就会被无情地直接贯彻下去。表面上看，瓦尔比里人的制度就是如此。哪怕有最小的抱怨或者失职，瓦尔比里妇女都会被殴打或被扎枪

戳刺。一个妻子如果被丈夫杀死不会有人要求偿还这个血债，因为没有人有权介入夫妻之间。公众舆论从不谴责以暴力甚至致命的手段向妻子施威的男人。因此女人不可能玩弄男人使他们相斗，但精力充沛的男人们却会勾引别人的妻子，男人们对此均无异议。男人一致认为他们永远都不该因为自己的性欲而使一个女人获得讨价还价的力量和密谋的机会。

这些人并没有关于性污染的信仰。他们甚至不回避经血，没有观念认为接触经血会带来危险。尽管已婚状态的定义在他们的社会中很重要，它却被公开地束之高阁。在这里，关于男性统治没有任何不稳固和矛盾之处。

作为个体的瓦尔比里男人身上没被附加任何限制。如果有机会，他们勾引彼此的妻子，却无须对基于婚姻的社会结构表示任何特殊的关心。婚姻之所以能够维持，全靠女人彻彻底底地服从于男人，全靠公认的自助体系。当一个男人染指另一个男人的性禁猎区时，他知道自己所冒的风险可能是搏斗甚至死亡。这一系统
176 非常简单。男人之间会有冲突，但规则之间没有冲突。当道德判断有可能与另一种情境冲突时，它们就干脆不用。人们由于身体暴力的威胁而被限制在特定的角色之中。上一章提出，当这样的威胁没有止境时，社会体系不靠污染信仰的支持也能维系。

十分重要的是，我们要承认男性统治并不总能用这种无情的简单性来保持其兴盛。在前一章中，我们看到当道德的规则模糊不明或相互矛盾的时候，污染信仰就会被祭出来简化或者澄清有争议的关键点。瓦尔比里人的例子暗示了这种相关关系。当男性统治被当作社会组织的中心原则为人接受时，当男性统治毫无阻

碍地被应用并具有身体上的威压时，性污染信仰就不会很发达。与此相反，当男性统治的原则被应用于整顿社会生活而与其他原则，如女性独立原则，或者女性作为弱势群体与男性相比与生俱来的更应受到保护使她们免受暴力侵害的规则相矛盾时，性污染就会活跃起来。在分析这个例子之前，我们还应考虑另一种例外。

我们发现很多社会里的个体不被强制，或者被严格地赋予性别角色，而社会结构却基于两性的联合。在这些例子中，一些特别机制的微妙而又合法的发展提供了舒解。个人在某种程度上可以追寻他们的奇想，因为社会结构是由某种虚构衬垫起来的。

努尔人的政治组织完全没有明确体系。他们没有清楚明晰的政府或者行政制度。如此流动无形的政治结构正如它所展现出的那样，是努尔人自相矛盾忠诚的自发和不断变换的表达。唯一具
有稳固性的原则就是那使部落生活成形的世系法则。通过把领土 177
上的单位想象为代表着一个世系结构的分支片段，使得政治分组变得貌似有序。努尔人为我们提供了这样一个自然的范例，即人们如何在观念的领域——而非主要，甚至完全无须在外在的物理仪式场所，例如宫殿和法庭领域——创造和保持其社会结构（Evans-Pritchard，1940）。

努尔人应用于整个部落政治关系的世系法则在另外的情境下对他们也很重要，那就是在密切的个人层面上声称拥有牲畜和妻子的权利。因而，不仅是政治大框架下的地位，努尔男人的个人继承也是由婚姻定义的效忠关系决定的。他们的血统结构以及整个政治结构都有赖于父系的权利。然而，努尔人看待通奸和遗弃却不像其他那些靠婚姻建立父权的男系亲属世系系统的民族那样有

悲剧性。的确，如果一名努尔丈夫现场抓到了引诱他妻子的人，可以用枪矛刺他。但在另外的情况下，如果他知道了自己妻子有不忠行为，他也可以要求得到两头牛，一头作为补偿，另一头作为牺牲——这种惩罚与我们读到的其他民族对付通奸者的流放或奴役的办法相比真算不上是严厉（Meek，pp.218 – 219）。一个贝都因人（Bedouin）在把使家族蒙羞的女性杀死之前，在社会上都无法抬头（Salim，p.61）。这里的区别在于相比之下，努尔人的合法婚姻不太会受到个体同伴的攻击。夫妻双方无须改变合法婚姻地位及孩子的合法地位，就可以分开居住（Evans-Pritchard 1951，Chapter Ⅲ）。努尔妇女享有令人惊异的独立地位。一旦成了寡妇，丈夫的兄弟有权与其结婚，以亡兄的名义生养后代。但如果女人不接受这样的安排，人们也不能强迫她，她有选择自己情人的自由。
178 能够保证亡者世系的一个安全措施是无论出于谁的后代都被归入最初交纳牲畜的婚姻世系之中。这一规则规定不论是谁，只要交纳了牲畜就有权认领孩子。这条规则将合法婚姻与夫妻关系彻底区分开来。社会结构依赖于一系列的合法婚姻，而这一系列的合法婚姻是建立在牲畜交换之上的。合法婚姻因而被实际的制度手段保护起来，避免了由男女间自由行为所带来的威胁和不确定性。与他们政治组织的刻板以及无体系的简单性相比，努尔人在对婚姻、非法同居、离婚以及夫妻分居的界定中体现了令人咂舌的法律上的微妙与精巧。

我要指出的是，正是这种发展使他们无须繁琐的性污染信仰就能够组织自己的社会制度。诚然，他们也保护自己的牲畜，让它们远离月经期的女人，但一个男人即使接触到月经期的女人也无须净身。男人只需避免与经期的妻子性交，这种注意的规则据说是为了表达男人对他尚未出生的孩子的关心。这种规则与我们以后将要提及的回避规则相比要温和得多。

我们先前曾经提到另一个例子，即用合法的虚构来减轻社会结构的性关系负担。这个例子就是努尔·雅尔曼（Nur Yalman）所讨论的在南部印度以及锡兰[①]的女性贞洁（1963）。在这些地方，女性的贞洁被当作种姓制度的大门一样被保护着。母亲是确立种姓成员资格的决定性家长。通过女性，种姓制度的血缘和纯净才能够保持。因此，女性的性纯洁非常重要，任何可能对其产生威胁的情况都会被预见并阻挡在外。这应该能够引导我们预见女性所经历的难以忍受的严格禁忌生活。事实上，这也正是我们在最高最纯粹的种姓阶层中司空见惯的。

马拉巴尔的南布狄里（Nambudiri）婆罗门是一个小而富有且排外的印度世袭种姓，由僧侣似的土地所有者组成。他们之所以能够保持这样的地位是因为他们遵守着一个规则，不分割自己的 179
地产。在每个家庭中，只有长子结婚。其他人可以拥有低种姓的情妇，却永远不能结婚。至于他们那些不幸的女伴，严格的隔离就是她们的命运。她们几乎没有人结婚，只是在临终之时举行一个结婚仪式，以此确定她们脱离监护人的控制，获得自由。当她们出门时，要用衣服将身体完全包裹起来，用伞遮住自己的脸。当她们的某个兄弟结婚时，她们只能透过墙壁上的裂缝观看庆祝仪式。即使是在自己的结婚典礼上，南布狄里妇女也不能作为新娘露面，

① Ceylon，现已更名为斯里兰卡，首都为科伦坡。——译者

而要由一个纳亚尔(Nayar)姑娘代替自己公开露面。只有非常富裕的群体才有财力让它的妇女基本不孕和永久隔离。这种残酷无情与瓦尔比里男人应用他们原则时的无情是相似的。

尽管女性贞洁的相似观念也在其他种姓等级中流行,但是这样严酷的解决方式却并未被采用。那些并不试图保持自己祖传产业的完整性的正统婆罗门允许儿子们结婚,他们维护女人贞洁的方式是把女孩在青春期以前嫁给合适的丈夫。他们互相施加强大的道德和宗教压力来确保每一个女孩在月经初潮之前都能够体面地嫁出去。在其他种姓等级中,即便人们不安排青春期之前的真正意义上的婚姻,也绝对需要一个婚姻的替代性仪式。在印度中部地区,女孩可能首先嫁给一支箭或者一个木捣杵。这被算作是第一次婚姻,它赋予女孩已婚的地位,这样一来女孩的任何不当和轻罪都可依照已婚妇女的模式在种姓内部或地方法院中得到裁决和处理。

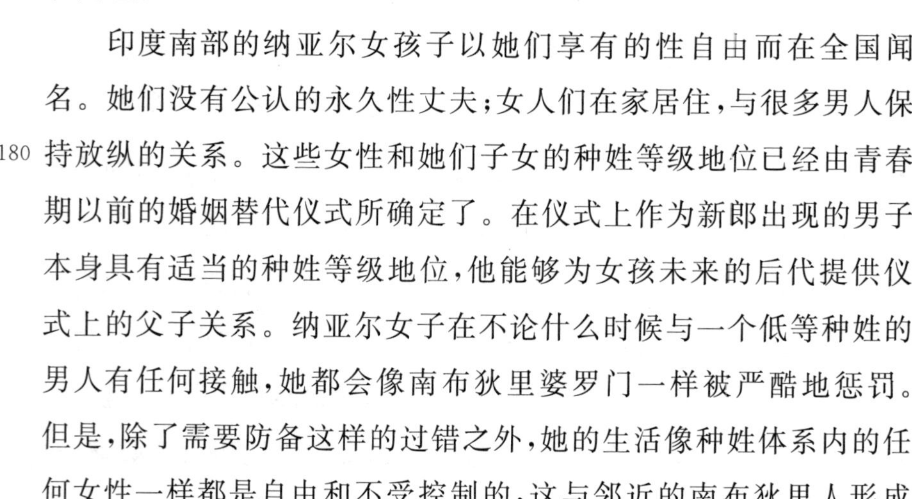

印度南部的纳亚尔女孩子以她们享有的性自由而在全国闻名。她们没有公认的永久性丈夫;女人们在家居住,与很多男人保
180 持放纵的关系。这些女性和她们子女的种姓等级地位已经由青春期以前的婚姻替代仪式所确定了。在仪式上作为新郎出现的男子本身具有适当的种姓等级地位,他能够为女孩未来的后代提供仪式上的父子关系。纳亚尔女子在不论什么时候与一个低等种姓的男人有任何接触,她都会像南布狄里婆罗门一样被严酷地惩罚。但是,除了需要防备这样的过错之外,她的生活像种姓体系内的任何女性一样都是自由和不受控制的,这与邻近的南布狄里人形成了极大的反差。虚构的第一次婚姻减轻了她维护种姓血统纯洁性

的重担。

以上就是我所提及的种种例外。

现在我们应该考察一些基于严重的似是而非或者自相矛盾之上的社会结构。在这些案例中，没有软性的合法的虚构说法来保护两性自由，但都有围绕性关系而发展出的夸张的性回避措施。

在不同的文化中，广为接受的宇宙能量理论都为性能量提供了一定程度上清晰的地位。譬如在印度教文化中或在新几内亚的文化中，性象征在宇宙观中占据着中心地位。但在非洲的尼罗特人(Nilotes)那里，性的类比却极不发达。勉强要将这些形而上学变异体的宽阔线条与社会组织中的差别联系起来是徒劳无益的。但是在任何一个文化区域里，我们都会在性象征和性污染的主题上发现有趣的微小变化。我们可能而且应当将这些与其他地方的变异联系起来。

在新几内亚，对性污染的恐惧是其文化特征(Read，1954)。但是在同一个文化范围内，一个强烈的对比却将塞皮克河的阿拉佩什人(Arapesh of Sepik River)与新几内亚中央高原的米恩伽(Mae Enga)人处理性差异主题的方式截然分开。前者似乎试图在两性之间创造完全的对称。一切力量都被看作是基于性能量模 181
式之上。女性特质对男性的危险仅等于男性特质对女性的危险。女性创造生命，她们在怀孕期间用自己的血液哺育孩子；孩子一旦降生，男性就用从阴茎中释放的创造生命的血液来哺育孩子。玛格丽特·米德(Margaret Mead)强调说，两性都需要对自己危险的能力保有相同的警觉。每种性别的人接近异性的时候都刻意控制(1940)。

另一方面，米恩伽人却不追求任何对称。他们恐惧女性污染男性以及一切男性事业，在两种性危险和力量之间不存在平衡的问题(Meggitt，1964)。对于这种差别，我们可以尝试在社会学中寻找相关性。

米恩伽人生活在人口稠密地区。他们的地方组织建立在部落、契约和定义明确的军事和政治单位之上。部落中的男性从其他部落中挑选女性作为妻子。因此，可以说他们是异族通婚的。氏族外婚的规则十分普遍。这种跨氏族通婚是否给婚姻境遇带来紧张和困难取决于通婚氏族的排外程度、分布远近以及敌对程度的大小。在恩伽人(Enga)的例子中，他们不但是异族而且是宿敌。米恩伽的每个男人都陷入争取威望的激烈竞争之中。他们激烈地相互竞争，交换猪和贵重物品。他们所选择的妻子是他们一贯与之争战的外族的女人。因此，对每一个男人来说，他的男性姻亲极可能就是他的仪式交换伙伴(一种竞争关系)，而其部落就是他自己部落的军事敌人。因此，婚姻关系不得不背负激烈竞争的社会系统之中的紧张与压力。恩伽人有关性污染的信仰表明性关系具有对手之间斗争冲突的特点，在性关系中，男人认为自己被性伙伴置于危险之中，因为他的性伙伴是来自敌人部落的成员。人
182 们笃信与女人的接触会削弱一个男人的力量。男人们是如此处心积虑地避免与女人接触，以至于对性污染的恐惧有效地减少了两性之间的交易。麦吉特(Meggitt)的材料证明，通奸在当地人看来不可思议，离婚更是闻所未闻。

从孩童早期，恩伽人就被告知要避开女性的陪伴，他们要周期性地隔离自己、净化自己，使自己免受与女性接触的污染。在他们

的文化中，两个具有统治性的观念就是男性原则的优先权以及男性原则对女性影响的脆弱性。只有已婚的男人才能够承担性交的风险，因为保护男性气质的特殊补救措施只能应用于已婚男子。但是即使在婚姻中，男性也对性活动心存恐惧，他们将性活动的次数减至最少，只要能够满足繁衍后代的需要就可以。他们最为恐惧的就是经血：

> 他们相信接触到经血或者与月经期的女人接触，如果没有适当相应的魔法帮助，就会使男性生病，并且导致持久的呕吐，会“杀死”他的血液，把血液变黑，会污染他的重要体液，这样一来他的皮肤颜色变深，肌肉逐渐消失，皮肤打褶，还会永久性地使他的头脑变得迟钝，最终导致慢性衰弱和死亡。

麦吉特博士自己的观点是“米（恩伽）人将女性气质等同于性特征和危险”，这可以由建立婚姻联盟的企图来解释，这个联盟跨越了具有高度竞争性的社会系统中最具竞争性的关系：

> 直到最近，为了获得稀少的土地资源，或者是因为偷窃猪以及不能偿债的原因，部落之间经常征战，部落中战死的男人大多是被最近的邻居杀死的。与此同时，由于崎岖不平的多山地形，因此在决定实际的婚姻选择时，地理上的靠近性已经成为了意义重大的变量。因此在部落之间的婚姻与关于邻近
> 部落杀人的频率之间存在着相对来说很高的相关性。米（恩 183
> 伽）人以原始的方式认可这种共存性，他们说：“我们娶那些跟

我们打仗的人。”

(Meggitt,1963)

我们注意到米恩伽人对女性污染的恐惧与山地阿拉佩什人文化中出现的两性危险与力量平衡的观念形成了鲜明对照。更有意思的是,我们进一步能够注意到阿拉佩什人反对当地的外婚制。如果一个男人要跟平原阿拉佩什女人结婚,那他需要遵守详细描述的防范措施来平息她更加危险的性特征。

如果他要和这样的女人结婚,那就不能匆忙结合,而是先让她在房子周围待上几个月来适应他,平息由于不太相熟和陌生所带来的热情。接着,他可以与她交媾并继续观察。他的山芋是否长得茂盛?他去打猎的时候是否能打到猎物?如果答案都是肯定的,那么一切都好。如果正好相反,他就应该延长几个月禁绝与这个危险的、性欲过剩的妇女发生关系,以防他的那部分力量、他自己的体力以及他最为珍视的供养别人的能力被永久性地伤害。

(Mead,1940,p.345)

这个例子看来支持了麦吉特的观念,即恩伽人那紧张而高度竞争的生活状态给当地的族外婚带来了沉重的负担和紧张情绪。果真如此的话,那么推测起来恩伽人如果能够在源头上缓释他们的忧虑,就能够摆脱他们那种非常不便的信仰。但是这却是一个完全不实际的建议。这意味着要么放弃与敌对部落激烈的竞争性交换，要么就是放弃他们的族外婚——也就是说，要么放弃征战，要么不再娶对手的姐妹为妻。这两种选择中的任何一个都意味着对社会体系做出重大调整。在实践以及历史事实中，当这样的调 184
整来自外界，例如有传教士关于性的说教以及澳大利亚行政当局的停战建议进来，恩伽人就轻易放弃了他们有关女性危险的信仰。

恩伽人力图通过回避来战胜矛盾就是试图在敌意上建筑婚姻。但在原始社会中或许是更为普遍的另一个困难，来源于如何表达男性与女性角色的矛盾。如果男性统治的原则得到绝对一致的精细表达，它就无须与任何其他基本原则相矛盾或抵触。我们已经列举了两个截然不同的例子。在那里，男性统治原则被毫不含糊地应用。但是如果还有另一个原则保护女性免受身体上的控制的话，男性统治的原则就会遇到问题。因为这样的原则使妇女有机会使男人们互相争斗，这样一来就把男性统治的原则搞混了。

如果在一个系统中，男人依据自己对女性的权利来定义自己的身份，那么整个社会就很有可能建筑在一对矛盾之上。只要男人之间存在着自由竞争，就会为那些心怀不满的女性提供机会，使她们投靠丈夫或者监护人的对手，获得新的保护者，建立新的联盟，并且消解围绕着她而建立的权利义务结构。社会系统中这类的矛盾只有在没有强迫女性的实际可能时方能产生。比如说如果有一个集权的政治系统专门针对女性来运用其权威，就不会产生这样的矛盾。在法律体系被用来专向女人施压时，她们就不会对系统造成破坏。但集权的政治系统并不是其中的男性要靠其对女性的权利来定义自身身份的系统。

莱勒人的系统就是如此。它频繁地颠仆在女性操控男性统治 185

社会的矛盾这个关键点上。所有的男性对手都在竞争妻子中彼此表现。没有妻子的男人处于身份阶梯的最底层。一旦有了妻子，男人就开始在身份阶梯上往上爬。通过生养孩子，男人就有资格进入能够得到报酬的祭祀团体中。有了女儿，他就有权利要求女婿来服务。有若干女儿，订了婚的女婿，最重要的是有了外孙女，他就处于特权和威严阶梯的顶端。这是因为他生养的女人可以以婚姻的形式供给其他男人。他由此就建立了男性追随者团队。每一个成熟的男子都希望娶两到三房妻子，与此同时，年轻男子不得不继续他们单身汉的等待。一夫多妻制度本身使得娶妻的竞争更加激烈。但在男性世界里，那种靠对女性的控制来作为成功标准的准则却因为很多其他变化的介入而复杂化(见：Douglas 1963)。他们的整个社会生活都系于一种制度，即通过转移支配妇女的权利来赔付欠账。这样做的直接效果是，从一个层面来说，女性被当作男人之间相互讨债还债的货币。男人之间相互的债务不断累积，最终将尚未出生的若干代之后的女孩也当作筹码。一个没有支配女人的权利可转让的男人的处境就好像是一个现代商人没有银行存款一样尴尬。在男人看来，女人是文化能提供给他们的最想拥有的东西。由于一切侮辱和债务都能够通过转移对女人的权利来解决，因此我们完全可以说，莱勒男人奔赴战场的唯一原因是为了女人。他们也确实如此。

一个莱勒小女孩迟早会变成一个风情万种的女人。从婴儿时代，她就是人们宠爱、戏耍、挑逗和关注的中心。与她订婚的男子最多只是对她拥有一些有限制的掌控。毫无疑问，他有权惩戒她，但是如果他惩戒的方式过于暴力——最重要的是，如果他失去了

她的欢心的话——她就会找出一些理由来让她的兄弟们相信，她 186
的未婚夫不把她当回事。当地婴儿的死亡率很高，而孩子的流产或是死亡会招致妻子的娘家人来砸门讨说法。因为男子们会为妇女而大举竞争，所以女人有空间来操控形式、上下其手。满怀希望前来勾引她们的男人到处都是。所有妇女都认为，只要她愿意就能多得一个老公。妻子到了中年还十分忠贞的男人更要万分注意，不仅要顾着妻子，还得顾着丈母娘。婚姻关系由极为复杂的礼节控制着，这些礼节多半与丈夫必须给妻子送大大小小的礼物有关。当妻子怀孕、生病或是刚生下孩子时，丈夫必须要煞费苦心地准备像样的医疗关怀。如果有人知道某个女人对自己的生活不满意，马上就会有人来追求她。只要她想结束这场婚姻，就可以动用各种各样的方式和理由。

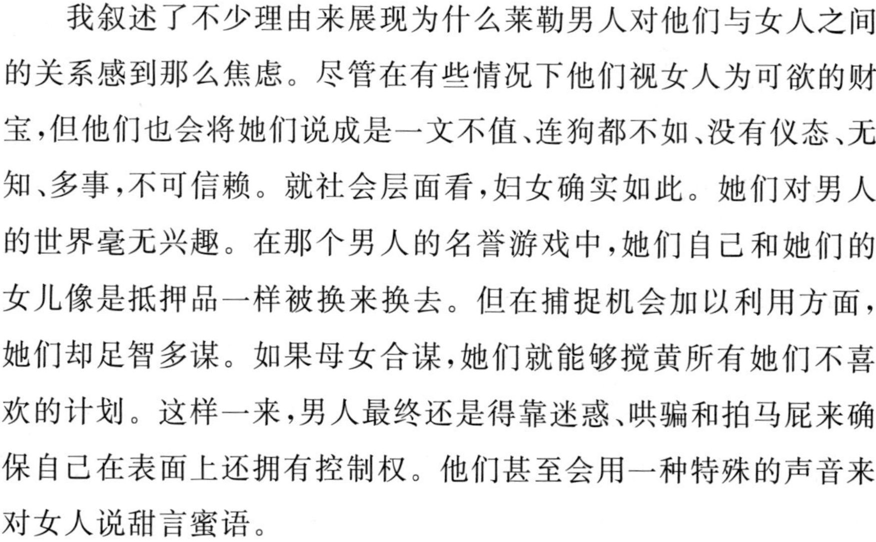

我叙述了不少理由来展现为什么莱勒男人对他们与女人之间的关系感到那么焦虑。尽管在有些情况下他们视女人为可欲的财宝，但他们也会将她们说成是一文不值、连狗都不如、没有仪态、无知、多事，不可信赖。就社会层面看，妇女确实如此。她们对男人的世界毫无兴趣。在那个男人的名誉游戏中，她们自己和她们的女儿像是抵押品一样被换来换去。但在捕捉机会加以利用方面，她们却足智多谋。如果母女合谋，她们就能够搅黄所有她们不喜欢的计划。这样一来，男人最终还是得靠迷惑、哄骗和拍马屁来确保自己在表面上还拥有控制权。他们甚至会用一种特殊的声音来对女人说甜言蜜语。

莱勒人对性行为的态度是一种混合体，其中有享受，有对生育能力的渴望，也有对危险的认识。正如我在前文所指出的那样，他

们有充足的理由渴望拥有生育能力，他们的宗教崇拜行为都是指向这一目的。人们认为性活动本身是危险的，但这种危险并不是
187 针对性活动的双方，而是针对孱弱和生病的人。任何刚刚发生过性关系的人都应当避开病人，免得这种间接接触使他们发更高的烧。新生婴儿更会因此而死亡。正因为如此，人们会把酒椰树的叶子挂在院子的入口处来警示所有负责任的人：里面有病人或是新生的婴儿。这是一种普遍性的危险。但是对于男人来说，还有一种特殊的危险。在发生性行为之后，妻子有责任将丈夫清洗干净，然后再清洗自己，才能触摸烹调之物。每一个已婚的女人都有一小罐水藏在村外的草丛里，她可以在那儿秘密清洗自己。小罐必须藏好，不能放在路上，因为如果有男人不小心绊在上面，他的性活力就会大大削弱。如果她忽略了清洗自己而男人吃了她烹调的食物，那男人的性能力就会完全丧失。这仅仅是合法的性关系可能导致的一些危险。一个月经来潮的女人不能为她的丈夫做饭或是把炉火挑旺，以免他生病。她可以准备食物，但不能接近火焰，只能叫一个朋友来帮忙。这些风险都是男人要冒的，而其他的女人或孩子就没有这些禁忌。最后，如果一个月经来潮的女人进到森林里，她就会被视为会给整个社群带来危险的人。她的月经不仅仅会毁掉自己可能在森林中所做的一切工作，而且人们还认为她会给男人带来种种不幸。在此之后的很长一段时间，狩猎会变得十分艰难，而那些以森林植物为基础的仪式也不会产生任何效果。妇女认为这些规则十分恼人，尤其是在她们经常缺人手，以及在种植、除草、收获和捕鱼方面慢一拍时更是如此。

性危险也受到保护男人活动不受女人污染、保护女人活动不

受男人污染的许多规则的控制。所有仪式都要避免女人的污染，
主持祭祀的男性（女性常常是被排斥在秘密会社的活动之外的）在
前一天晚上绝对不能性交。对于战争、狩猎、压榨棕榈油这些事务
也是如此。与之相似，妇女种植落花生或玉蜀黍、捕鱼、制盐或制 188
陶的前一天晚上同样绝对不能性交。这种恐惧对男女一视同仁。
应对大规模仪式危机时，整个村子的人都要禁戒性活动。例如，当
有双胞胎降生或另外一个村子的双胞胎第一次进村的时候，或是
举行重要的反法术仪式或生育能力的仪式时，村民们都会夜复一
夜地听到这样的警告："男人只许睡在自己的垫子上，女人只许睡
在自己的垫子上。"与此同时，他们还会听到这样的警告："今天晚
上谁也不许吵架。如果不吵不行的话，那就别暗地里吵。让我
们都听见吵闹声，我们将收罚金。"吵架和性交一样，都被视为对
村子举行正常的仪式会有毁灭的作用。但是，吵架永远有着不
好的性质，而性交只是在某些场合（尽管这样的场合比较频繁）
才是不好的。

莱勒人对性的仪式性危险怀有焦虑，我将其归因于他们的社会体系给性做出了真正具有破坏性的定位。他们的男人建造了一个地位阶梯。他们向上爬的每一步都要求控制更多的女人。但他们又将这一体系设置为开放性的，允许竞争的存在。这就使女人拥有了双重角色，既是被动的抵押品，又是主动的密谋者。每个男人都怕女人会毁掉自己的计划，而他们这样担心是有道理的。他们对性行为所带来的危险的恐惧只不过十分准确地反映了性在社会结构之中所起的作用。

这一类社会中的女性污染在很大程度上与人们既将妇女当作

人来看待，又当作男性之间交易的流通货币的做法相联系。男人和女人分属于明确划分而彼此敌视的两个区间。这就无可避免地导致性别之间的对抗。这种对抗体现在每一个性别都会对另外一个性别造成危险的理念中。接触女人会给男人带来特殊危险的理
189 念表达了一对矛盾：既想将女人作为流通货币，又不想使她们沦为奴隶。如果在一个商业化的社会里，人们感到金钱是万恶之源的话，那么莱勒族的男人头脑中有“女人是万恶之源”的想法就更加有理有据了。事实上，伊甸园的故事在莱勒人的男人心中激起了深深的同感。传教士把这个故事告诉他们时，发现这些异教徒围着火炉，诡笑着把故事讲了一遍又一遍。

前文说到加利福尼亚州北部的尤罗克族印第安人使人类学家和心理学家不止一次地大感兴趣，因为这个族群对洁净和不洁净的看法有着十分极端的性质。他们的文化已经濒临灭绝。当罗宾斯(Robins)教授在 1951 年研究尤罗克语的时候，能说尤罗克语的成年人只有六位仍然在世。这似乎是具有高度竞争性和获取性的文化的另一个例子。那里男人的头脑都被获取贝币、罕见的羽毛、皮带和进口的黑曜岩刀锋等财富的念头所盘踞。它们是威望的象征。除了那些有能力去“外贸路线”——沿着这一路线，值钱的货物得以进行买卖——的人以外，通常的获取财富的方式是迅速要求复仇和索要赔偿。每一次侮辱都是有价的，而且价格都有标准可依。不仅如此，人们还有讨价还价的余地，因为最终价格取决于具体情况，那就是这个男人给自己的标价和他能从自己近亲那里汇总过来的钱(Kroeber)。妻子犯奸淫、女儿流产都是重要的财富来源。如果哪个男人勾引其他男人的妻子的话，那么他就得大大

破财，以赔付犯奸淫的代价。

尤罗克人笃信与女人接触会毁掉自己获取财富的能力，以至于他们认为永远不应该让女人和金钱碰在一起。最重要的是，他们认为如果一个男人在他储存成串贝币的房子里发生性关系的话，他未来的财运就会彻底完结。如果冬天天气太冷而不能在户外做爱的话，他们似乎就完全不做爱了。因此尤罗克族的婴儿大多都出生在每年的同一时候——第一次天气转暖之后的九个月。190
这样把愉悦与生意彻底分开的行为使高斯密(Walter Goldschmidt)将尤罗克人的价值体系与新教伦理的价值体系做了一番比较。在比较中，他对“资本主义经济”的理念进行了一番似是而非的扩展，使之既适用于尤罗克人，又适用于16世纪的欧洲。他向人们展现：这两个社会都具有同样的特点，即高度重视贞洁、过度节俭，并且在对财富的获取上不遗余力。他还对另外一个事实做出了重要的强调，即尤罗克人可以被划分为原始资本家一类，因为他们都允许在生产方式上进行私人控制。这一点与其他的原始民族都不一样。这样说吧，每一个尤罗克人都声称对捕鱼地点和浆果产地拥有所有权，而在解决债务问题的时候，这些是一个人所能将所有权转让给另一个人的最后的方法。但是，如果把这看作是将他们的经济划分为资本主义性质的依据的话，就显得太过牵强了。这样的转让只能在当事人没有能力以贝壳货币或其他可动产来支付大额债务的时候，才能以“丧失抵押品赎回权”的形式发生。不仅如此，他们之中并不存在稳定的不动产市场。尤罗克人常常欠的债务并不是商业上的，而是荣誉上的。考拉·杜波伊斯(Cora Dubois)对那些邻近的民族做了十分有启发性的叙述。在

他们之中，为了威望而进行的激烈竞争是在一个特别的层面上进行的，这一层面或多或少地与实质化的经济层面相隔绝。对于理解他们对“从女人而来的污染”的看法——尤罗克族的男人认为“追求财富和追求女人互相矛盾”——这一观察有着更加重要的意义。

我们在新几内亚的米恩伽人、刚果的莱勒人以及加利福尼亚州北部的尤罗克印第安人之中，追溯了“大利拉情结”[1]——即相信女人会削弱男人的能力，或者背叛男人的种种极端形式。在这一情结出现的地方，我们发现男人针对女人的行为而表现出来的焦虑是有理有据的。男性与女性之间的关系的境况是如此地不平衡，以至于女人从一开始就被抛到了“背叛者”的位置上。

191 但害怕性污染的也不总是男人。为了对称起见，我们应当再看看另外一个例子。在这个例子中，反而是女人认为性活动是高度危险的。奥德丽·理查兹说，北罗得西亚的本巴人就深深被性行为不洁净所困扰。但是她也指出，这只是在他们文化中的标准化行为，实际上个人的自由似乎并没有因为恐惧而受到限制。在文化的层面上，对性交的恐惧似乎处于主导地位，甚至到了“无以复加”的程度。但在个人的层面上，“本巴人公开地表现出了对性关系的享受”(1956，p.154)。

在别的地方，性行为的污染是由直接的接触而引起的，但在这里人们认定污染是由接触火焰而传开的。看见或触摸一个性欲十分活跃、没有被清洁过的人——本巴人称此为“欲火中烧”的

① 指《旧约》中诱使参孙失去力量的那个女人。——译者

人——并不危险。但如果让这样的人走近火焰，那么任何在这火焰上烹调的食物就都被污染了，后果十分危险。

发生性关系要有两个人，但做饭只要一个人。本巴人认为污染是由烹调后的食物传播的，所以责任落在了妇女的肩上。一位本巴族的妇女必须要时常警醒，保护她的火炉免遭污染，不被那些有可能发生了性关系却没有举行净化仪式的成年人接触到。这样的危险是致命的。如果吃了在被污染了的火焰上烹调出来的食物的话，小孩子就可能死掉。一位本巴族的母亲总是忙于熄灭可疑的火，代之以新的、纯净的火。尽管本巴人认为所有的性行为都是危险的，但是他们的信仰中的偏见却将犯奸淫指为真切实际的危险。每一次性接触之后，结了婚的两个人可以举行仪式来为彼此洁净身体。但是犯奸淫的人就无法得到洁净，除非他求自己的妻子帮忙，因为这不是一个人就能够完成的。

理查兹博士并没有告诉我们犯奸淫所带来的不洁净是如何得以消除的，也没有告诉我们犯下奸淫的女人是如何长期抚养自己的孩子的。她告诉我们，这些信仰并不会阻止他们犯奸淫。所以， 192
危险的通奸者被认为能逍遥法外。尽管他们也会良心发现，试图不去触摸那些给小孩子做饭的地方的植物，但是他们仍然被看作是潜在的公共威胁。

应当注意到，在这个社会里女人对性污染的焦虑比男人更强。如果她们的孩子死亡(婴儿的死亡率是很高的)，男人就会责备她们不小心。尼亚萨兰(Nyasaland)的尧人(Yao)和塞瓦人也表达出了相似的信仰情结，而这些信仰情结是关于盐的污染的。上述三个部落都是沿着母系一方来确定子嗣的。在这三个部落之中，男人应当离开自己出生的村子，住到他的妻子所在的村子里去。这就使得村子的结构模式得以确立，通过这一模式，一些在血统上有联系的女性会吸引其他村子里的男性来住下，成为她们的丈夫。村子作为一个政治单元的未来就是由这些男性外来人员的去留决定的。但是，我们可想而知，男人对建立稳定的婚姻关系的兴趣要少得多。同样，母系的家世延续方式使他们把注意力转移到了他们的姐妹的孩子上面。尽管村子是在婚姻纽带的基础之上建立起来的，但是沿着母系世系却不是这样。男人是因为婚姻才来到村子里，而女人却是生来就属于这个村子的。

在整个中非地带，“好村子”的理念作为一种价值受到男女两性的信奉并发展和延续。但女人使丈夫留在自己身边出于双重的利益。一位本巴妇女人到中年，成为本村的女君主，可以指望安度晚年并有女儿和女儿的女儿围绕膝下的时候，她就是个心满意足的人物了。但如果一个本巴族的男人觉得婚姻的前些年令人厌烦，他就会径直离开妻子回家去(Richards，p.41)。不仅如此，如果所有的男人都走掉，或者哪怕是一半的男人走掉了的话，这个村子也就没有办法作为一个经济单元而存在了。劳动分工使本巴族的女人处于一个十分没有独立性的地位。事实上，如果一个本巴
193 村子有一半的成年男性离开村子去外面打工，它就会比北罗得西亚的其他部落遭到更加严重的解体(Watson)。

本巴女孩子在青春期的典仪上，会受到一些教育。这些教育的内容能够帮助我们将社会结构的这些方面以及女人的宏大志向与她们对性行为带来的污染的恐惧联系在一起。理查兹博士记录下了这些内容：女孩子必须遵守一些规矩，这些规矩要求她们顺服

于丈夫。这是一个十分有趣的情况，因为她们的飞扬跋扈和不好驾驭是出了名的。这些受礼人受到了屈辱，而她们的丈夫的男子气概得到了颂扬。如果我们考虑到这样一个事实，即本巴丈夫扮演的角色是能够在相反的形式上与米恩伽人的妻子做类比的，那么这就讲得通了。丈夫是一个孤单的人，是妻子的村里的外人。但他又是男人而不是女人。如果他过得不开心，他就会转身离开，一了百了。他不会像一个逃婚的妻子一样受到惩戒。根本没有什么法律上的调整来在现实生活中保持“合法婚姻”的神话。他在他妻子的村里抛头露面对于村子的意义，比他在婚姻中得到权利对于他自己的意义更为重要，而人们又不可能通过恫吓的方式使他留在村子里。如果把恩伽人的妻子比作大利拉的话，那么他就是身处非利士人的营帐中的参孙。一旦他觉得自己受到了屈辱，他就能使托住这个社会的柱子倒塌。因为要是所有的丈夫都离开，这个村子就形同被毁。这样看来，女人殷勤地奉承和哄骗丈夫也就不足为奇了。同理，女人忙不迭地防止犯奸淫的结果造成危害也就不足为怪了。这些丈夫看上去其实并不危险或邪恶，而是害羞、容易被吓着，需要相信自己确实是具有男子气概并能由此造成危险的。他需要确信妻子一直在照顾着他，在他的身边，使他洁净，而且还看着火。要是没有她，他就什么也干不成，甚至连靠近自己祖先的灵魂也不行。本巴妻子给自己强加上了对“性污染”的焦虑，在这样的焦虑之中，她们看上去就是米恩伽丈夫的反例。两者都在婚姻的处境中感到焦虑，这焦虑涉及更广范围内的社会结构。
如果本巴族的妻子不想待在家里，不想当一个有影响力的女主人，194
如果她做好了准备要顺从地跟着丈夫回到他的村子里去的话，她

就可以从自己对于“性污染”的忧虑中解脱出来。

在所有这些污染的例子中，基本的问题就是一个：“蛋糕就一块，你不能既想留着它又想吃掉它。”恩伽人既想与敌对的氏族作战，又想跟他们的妇女结婚。莱勒人既想把女人当作男人的抵押品，又想与她们联合起来对付其他的男人。本巴的女人既想自由自在、独立自主、做那些会威胁到她们的婚姻的行为，又想让丈夫留在自己的身边。在每一个事例中，那些必须以清洗和规避的方式来应对的危险情况与其他情况是有共同点的，以至于跟行为的正常模式彼此矛盾。这就像温内巴戈印第安人的“把戏鬼”神话一样，左手在与右手打架。

所有这些与自己交战的社会体系的例子都是从性关系中举出来的，原因何在呢？我们也可以举出其他很多情况，来说明我们文化中的一些正常规范常常使我们做出彼此矛盾的行为。国家收入政策就是这样一个领域，在这个领域之中，这种分析能够很容易得到应用。但对污染的恐惧，看来总是围绕在性行为的矛盾周围。答案可能是：没有别的什么社会压力能够比抑制性关系的社会压力有更大的潜在爆炸力。因此我们也就能够对圣保罗的那个不同寻常的要求产生同感：他要求在基督徒的新社群中，不应再有男性女性之分。

我们考察的这些个案能够带来一些启发，让我们更好地理解为什么在基督教肇始的几个世纪里，人们对处女童贞的重要性做出过分的强调。《使徒行传》中记载的初期教会对女人提出了一个自由与平等的对待标准，这是与传统的犹太习俗相背离的。在那
195 个时期的中东地区，性藩篱也正是造成压迫的藩篱，正如圣保罗的

话语所暗示的那样：

> 一旦受洗，你们就得被基督恩泽，从此不分犹太人、希利尼人，自主的、为奴的，或男或女。因为你们在基督耶稣里都成为一体了。
>
> （《加拉太书》，第三章第二十八节）

在努力创建一个新社会——自由、不受束缚、没有压迫或对立的社会——的时候，建立新的一套积极的价值观体系毫无疑问是必要的。处女童贞的观念必定在一个小规模、受逼迫的少数群体中生根发芽。因为我们已经看到，这些社会状况本身会导致一种信仰，即将身体象征化并视之为不完美的容器，只有在身体变得具有不可渗透性的时候，它才能够算作完美。而且，重视处女童贞的观念对于在那些想在婚姻和更大社会里改变性别角色的社会运动来说是一个很好的选择（Wangermann）。把女人视为“老夏娃”的观念，还有对性污染的恐惧，都属于特定类型的社会组织方式。如果这一社会秩序非改不可的话，那么一个次生的夏娃——以童贞女为救赎的源头并将邪恶践踏在脚下[①]——就会成为一个有力的新象征。

① 这里指耶稣因圣灵感孕由童女玛利亚所生。——译者

196

第十章　系统的破碎与更新

现在要回答我们开头的问题。有没有任何人群会把神圣与不洁混淆起来呢？我们已经看到传染的观念如何在宗教和社会中起作用。我们已经看到种种力量被归因于任何观念结构，看到规避的准则创造了对其界限的可见的公共认知。但是这并不等于说神圣的就是不洁的。每种文化都有它自己对于污垢污秽的概念，这些概念与文化对那些不可否认的积极结构的概念形成对照。要谈论神圣与不洁会形成混乱的杂合，那是完完全全的胡话。但有些宗教的确经常将那些人们憎恶而抛弃的东西神圣化。因此我们必须要问，通常情况下具有破坏性的污垢何以会在有些时候变成具有创造性了呢？

首先，我们注意到并非所有不洁之物都会在仪式中被建设性地使用。不洁并不足以使某样东西被当作具有善的潜力。在以色列人看来，不洁的东西，如尸体和排泄物被纳入神殿祭祀中是不可想象的，只有鲜血，只有献祭时流出的鲜血除外。在欧尤约鲁巴人(Oyo Yoruba)那里，左手被用来做不洁的活计，因此向人伸出左手是非常侮辱人的行为。那里的正常宗教仪式将右肢的优先权神圣化，尤其是朝右侧跳舞。然而在对伟大的欧格伯尼(Ogboni)的祭祀仪式中，人们必须在衣服的左侧打结，并且只能够朝左侧跳舞

(Morton-Williams,p.369)。乱伦在布雄人中是污染，但在仪式上表演乱伦却能使其君主神圣化，他自称是国家的污秽：“本人、垃圾、一无是处！”(Vansina,p.103)。如此等等。尽管只有个别人在个别场合可以打破规则，我们仍有必要追问为什么仪式经常需要这些危险的接触。

一个答案在于污秽之物自身。其他的答案在于形而上的问题以及要求表达的特定种类思考的性质。

首先讨论污垢。在施加任何秩序的过程中，无论是在头脑之中还是在外部世界，对待那些被弃的零碎之物，人们的态度会经历两个阶段。首先它们会被认为位置不适当，是对秩序的威胁，因而被看作令人讨厌之物并须赶紧扫除出去。在这一阶段它们具有某种特性：它们被看作是来自什么东西的多余的部分，毛发或食物或是包装纸。在这一阶段它们是危险的；它们的模糊仍然部分地依附在它们身上，它们侵入的场景原本清洁也因它们的存在而被破坏。但是所有被认作是污垢的物质都会面临一个长时期的粉化、溶解和腐烂的过程。最终，一切特点都将消失。不同零碎之物的由来终将丧失，它们由此进入了混沌垃圾的集合。在垃圾中戳戳捅捅试图恢复什么东西，这样的经历是令人不快的，因为这样就等于使特性再生。只要特性缺失，垃圾就不危险。由于它清楚地处
在一个确定的地方，无论是一个还是另一个垃圾堆，它甚至不会创 198
造模棱两可的感知。甚至被埋葬了的国王的尸骨都不会引起什么敬畏之情。那种认为空气中充满了逝去人们尸骨尘埃的想法也不具有打动人的力量。没有差别的地方就没有污秽。

他们比活着的人多，可他们的尸骨何在？
有一个活人就有百万死人，
他们的骨灰入土永不得见？
空气充满骨灰，令人无法呼吸，
风无处刮，雨无从下：
大地是尘埃之云，尸骨之壤，
没有地方能容我们的骸骨。
考虑它，数它的颗粒只是浪费时间，
当一切趋同，没有差别。

［S.Sitwell, *Agamemnon's Tomb*（《阿伽门农的坟墓》）］

在完全瓦解的最终阶段，污垢被完全地无差别化了。这样就完成了一个循环。污垢由头脑的区分活动创造出来，它是创造秩序的副产品。它始于一种无差别化的状态；在区分活动的整个过程中它扮演的角色就是威胁既有的差别；最终它回复到自身真正无差别的特性。因此，无形无态（formlessness）既是衰败也是开始和发展的适切象征。

基于这样的论证，一切据说可以被用来解释宗教象征中水使人复活再生力量的也同样适用于污垢：

在水中，一切事物都被溶解，一切形状都被打破，曾经发生的事物不复存在；没有什么先前存在的东西能在浸入水之
199 后残存下来，没有什么轮廓，没有标志，没有事件。浸入在人类层面上等于死亡，在宇宙层面上等于突变（洪水），它周期性

> 地将世界溶入原始的海洋。打破一切形状，废除过去，水具有这种净化、更新、重生的力量……水之所以能够净化和更新是因为它使过去无效并且重建——哪怕只有一小会——万物之初的完整性。
>
> (Eliade,1958,p.194)

伊利亚德在同一本书中把另两个更新(renewal)象征与水相比，我们无须详细分析其观点就能够将它们与尘土和腐败关联起来。一个是黑暗的象征，另一个是庆祝新年的狂欢(pp.398－399)。

在其最后阶段，尘土作为创造性无形的适切象征展示出来。但它却是从第一阶段中获取的力量。跨越界限带来的危险就是力量。那些脆弱的边缘地带和那些威胁要破坏良好秩序的攻击力量代表着宇宙中存在的力量。驾驭这些力量使其为善的仪式实际上就是施加驾驭力量。

关于象征自身的适切性我们就讲这些。接下来要探讨的是应用象征的实在情境。它们不可挽回地受制于悖论性的论点。对纯洁的寻求又继之以拒绝。由此，我们得出结论，当纯洁不是象征而是活生生的事物时，它必定是贫瘠不毛的。我们一直为之努力奋斗不惜牺牲而换来的纯洁往往像石头一样坚硬死板，这是我们人生境况的一部分。因此，诗人才会如此赞美冬天：

> 艺术的典范，
> 它毁掉了生命的一切形态和情感
> 只有那份纯洁将得幸存。
>
> (Roy Campbell)

200 但要试图把我们的存在改造成不变的精确形式却是另一码事。纯洁是变化、模糊和折中妥协的敌人。对我们中的大多数人来说，如果我们的经历在形式上能够固化、固定和坚固，我们会感到更安全。正像萨特在写到反犹（太）主义（anti-semitism）时说的：

> 一个人怎么会选择为错误辩护？这是对不可穿透性的古老向往……总有人会被磐石的持久性所吸引。他们宁愿变得固化、不可穿透，他们不愿变化：因为谁知道变化会带来些什么呢？……就好像他们自身的存在永恒地处于悬置状态一样。但是他们愿同时以各种方式存在，而且一成不变。他们不想获得理念，他们想让观念与生俱来……他们想采用这样一种生活方式，在那里，推理和对真理的寻求仅扮演次要的角色；在那里，除已被发现的之外，再无须寻求；在那里，人是他已成为的样子，再无变化。
>
> （1948）

这种恶骂暗示了我们与反犹分子非黑即白思想的分别。然而，对刻板状态的向往存在于我们所有人之中。我们人类状态的一部分就是渴望强硬路线和清晰概念。当我们拥有了它们时，就不得不面对这样的现实：要么是一些事实被遗漏，要么是自我蒙蔽不去面对这些概念的不充分性。

追寻纯洁的最终悖论在于试图将经历强行纳入没有矛盾的逻辑范畴。但是经历并不服从强制，尝试这样做的人会发现自己身陷矛盾之中。

讲到性方面的纯洁，它很显然是指两性之间没有任何接触。这不仅是拒绝了性，也应当是不育的。它同时也带来了矛盾。期望所有的女人一直保持贞节就会与其他的期望相矛盾，如果一贯 201
地坚守下去就会导致米恩伽男人必须遵从的那些不便。在17世纪的西班牙，出身名门的姑娘们发现自己处于进退两难、动辄蒙羞的境地。在阿维拉的圣特蕾莎（St. Theresa of Avila）成长的社会里，诱惑少女会招致其父兄的复仇。因此如果她接受了一个情人就有蒙羞甚至牺牲男人生命的风险。但她的个人荣耀又要求她慷慨大方，对情人来者不拒，因为完全回避情人也是不可想象的。还有很多例子向我们展示出对纯洁的追寻如何制造出问题以及一些古怪的解决办法。

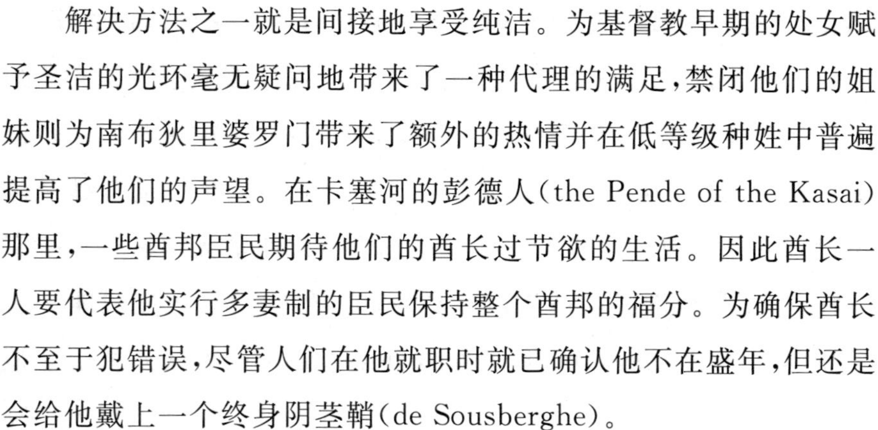

解决方法之一就是间接地享受纯洁。为基督教早期的处女赋予圣洁的光环毫无疑问地带来了一种代理的满足，禁闭他们的姐妹则为南布狄里婆罗门带来了额外的热情并在低等级种姓中普遍提高了他们的声望。在卡塞河的彭德人（the Pende of the Kasai）那里，一些酋邦臣民期待他们的酋长过节欲的生活。因此酋长一人要代表他实行多妻制的臣民保持整个酋邦的福分。为确保酋长不至于犯错误，尽管人们在他就职时就已确认他不在盛年，但还是会给他戴上一个终身阴茎鞘（de Sousberghe）。

有些时候，人们对高度纯洁的主张是基于欺骗。查伽（Chagga）部落的成年男子在成人仪式上惯常假装他们的肛门被终身封闭。经历了成人仪式的男子被认作再也无须排泄，这就将他们与非得排泄不可的妇女儿童区别开来（Raum）。可以想象这种假装使查伽的男人们陷入了怎样复杂的状况之中。这一切不过要说明，存在的事实就是无秩序的混乱。如果非要从身体的意象中选择若干与生活秋毫无犯的方面，我们就必须准备经受扭曲和变形。身体不是略有微孔的水罐。换一个比喻，花园不是挂毯。如果所
202 有的杂草都被清除，土壤也就变得贫瘠不毛了。无论如何，园丁必须把他移走的东西归还，保持土地的肥沃。一些宗教为了对付异常事件和可憎的事物采取特殊的处理方式，使它们永久有力，那做法就如同将杂草和从草坪上修剪下来的东西作为肥料再放回去一样。

这就是对污染物何以通常被用于更新仪式这一问题的回答要点。

每当一种严格的纯洁模式强加于我们的生活时，它要么让人感觉非常不适，要么会使人陷入要遵循它只能意味着伪善的悖论。因此那被否定的并不意味着要被移走。生活中那些不能整齐地纳入公认分类的部分，仍旧存在并需要关注。身体，就像我们一直试图展现的那样，为所有象征提供了基本的框架。几乎没有哪个污染没有一些重要的生理学参考。正如肉身的生活无法被完全否定一样，也正如生活必须被肯定一样，最完善的哲学，正如威廉·詹姆斯(William James)所言，必须找到某些终极的方式来肯定被拒绝的东西。

> 一旦我们承认恶是我们存在的本质部分，且是阐释我们生活的关键内容，我们就给自己加上了一副困难的重担。这个困难在宗教哲学中也被证明是难以承受的。有神论一旦将

> 自己拔高为系统的宇宙哲学，就会进入一种欲罢不能的状态。他非要让上帝全有万有和全知全能……这与通俗的有神论（哲学）不同，后者坦言自己的多元性……宇宙由许多最初的法则混合而成……上帝并不必为恶的存在负责。理性健全的福音书的解释为这种兼管观点投了一票。但一元论的哲学家却认为自己或多或少要像黑格尔那样，说凡是现实的都是合理的。因此，恶作为辩证上需要的一个元素必须被包含进来并被作为神圣的东西保存下去，在真理的终极体系中发挥其应有的作用。思想健全的神学会拒绝发表这类的意见。它会说，恶是断然不合理的，不应被包含进来或者被视为神圣而在 203
> 真理的终极体系中保存下来。这对于上帝是纯粹可憎的事物，是异己的非现实性，是应被抛弃和否定的冗余元素……完美理想，因其远不能与现实共存，因此它只是现实的提取物，其特征就是它免于与败坏的次等的排泄物有任何接触。
>
> 这里我们有了一个有趣的观念……即宇宙元素中有一些另类的东西，它们与其他元素的结合并不能组成一个合理的整体。那么从选择元素组成自身的任何一个系统的角度来看，它们都只能被看作是无关的和偶然的——那就是不得其所的东西，污垢。
>
> （第 129 页）

这个出色的阐释引导我们将确认污垢与抵制污垢的哲学相比较。倘若在原始文化之间做这样的比较是可行的，那么我们指望有些什么发现呢？诺曼·布朗（Norman Brown）曾主张（参见第七章)原始魔法是逃避现实的手段,是与婴幼儿的性幻想类似的东西。如果这是对的,我们就有望发现多数的原始文化都与威廉·詹姆斯作为唯一健全理智来描述的基督教科学并行不悖。但是我们发现的却不是一贯抵制污垢而是非同一般地确认污垢的例子,正如本章开头提到的那些。在特定的文化中,有一些行为或自然现象似乎被统治宇宙的所有法则看作是完全错误的行为或者现象。人们对于不可能、异常,以及不好的混合与令人憎恶的东西确有不同的分类和定义。这些东西多半会受到不同程度的指责与回避。但我们接着又突然发现这些可憎或者不可能中的一个会被挑选出来并且被放置于很特殊的仪式框架内,并与其他经历区分开
204 来。这个框架能够确保正常回避所支撑的范畴不会以任何方式被威胁或影响。仪式框架内的可憎的事物被当作巨大力量的源泉来处理。用威廉·詹姆斯的话说,正是这种由污染物混合构成的仪式能提供“更完善宗教”的基础。

> 与事物之绝对整体的宗教和解或许确实是不可能的。有些恶,确实是更高形式的善的代理,但也有一些形式的恶是如此地极端,以至于不能为无论什么样的善系统所接纳。对于这样的恶,沉默的屈服或疏于注意是唯一实际的办法……但是……由于恶的事实与善的事实一样是自然的真正组成部分,那么哲学就只能假定它们具有某些理性上的意义和重要性。但由于系统的健全心智从未对悲哀、痛苦、死亡等做出任何积极主动的关注和解释,所以它在形式上反而没有那些在其范围之内至少试图包含这些元素的系统来得完善。因此,

最完备的宗教看来还是那些把悲观厌世元素展示得最充分的宗教。

（第 161 页）

这里我们似乎已经有了比较宗教学研究项目的纲要。人类学家如果忽视对部落宗教进行系统分类研究的责任，就会付出相应的代价。但是我们又发现要想设计出将“不完善的乐观”宗教和“更完善的悲观”宗教区分开的最好原则谈何容易？方法的难题非同小可。显然，我们在将任何特定宗教中的所有仪式性回避加以分类并保证没有任何遗漏时，需要十分艰苦细致小心谨慎的工作。除此之外，客观的学术还需要其他什么原则来依照普遍标准区分不同种类的宗教呢？

我对此的答案是这项任务完全超出了客观学术的范围。这不是由于技术原因而欠缺实地调查的问题。事实上，实地研究越缺乏，比较项目就显得越实在。原因在于材料本身的性质。所有现存的宗教都是许多东西。公共场合的正式仪式教授的只是一套学说。我们没有理由设想它携带的信息一定会跟那些在私下仪式中教授的内容相一致，或者所有的公共仪式都会相互一致，私下仪式更不会彼此相同。没人能保证仪式的同质性。既然仪式不一致，那就只有观察者主观的直觉才能够判断其总体效果是乐观的还是悲观的。为了得出结论，他也许会遵循一些规则。他可能决定将抵制恶与确认恶的负债表两边都合计起来平等地为两边计分。或者，他可能按照仪式的重要性来衡量积分。但无论遵循什么样的规则，他都难免主观判断。即使如此，他能穷尽的也仅仅是正式的仪式。还有很多其他的信仰根本就不能够被仪式化，却能把仪式的信息完全搞乱。人们未必听从他们的传教者。当他们看上去同意一个崇高的悲观宗教时，真正引导他们的或许是愉快乐观、抛弃污垢的信仰。

如果让我来判断莱勒文化究竟是应当归于威廉·詹姆斯框架中的哪一部分，我会陷入困境。这个民族在世俗和仪式事务中都有强烈的污染意识。他们惯常的区分在动物性的食物中体现得最为清楚。他们宇宙哲学的大部分以及社会秩序的许多方面都反映在他们的动物分类之中。某些动物和动物的某些部位可供男人食用，另一些可供女人食用，还有一些可供孩子食用，又有一些可供怀孕妇女食用。除此以外都被视为根本不可食用。在某种程度上

206 被他们认为不适于人类或女人消费的动物在他们的分类系统中都是那些有含混特点的。他们的动物分类法区分夜间动物与日间动物，高处动物（如鸟、松鼠和猴子）与低处动物，水生动物与陆生动物。那些行为含混的动物被看作是一种或另一种形式的反常者，并因此不能存在于食谱中。例如，鼯鼠——能够飞翔的松鼠，就既非飞鸟又非走兽，因而有识别力的成年人就会回避它们。孩子们或许会吃这种松鼠，有名望的妇女不吃它们，男人也仅仅是在饥饿难耐的时候才会吃。支持这一态度的处罚方式并不存在。

我们可以把他们的主要分类想象成两个图式化的同心圆。人类社会的圆环包括作为捕猎者和占卜者的男人、妇女和儿童。略显奇怪的是，生活在人类社会中的动物也被包括其中。村庄中的这些非人类要么是人类豢养的动物，如狗、鸡，要么是令人讨厌的寄生虫、老鼠和蜥蜴。吃狗，吃老鼠，吃蜥蜴，这些都是不可想象

的。人类食用的肉类应当是捕猎者用箭和陷阱从野外捕猎的野味。鸡带来了决疑中的问题，莱勒人的解决之道是女人不适合吃鸡，但鸡肉对于男人来说却不仅是可食的，甚至还是好食物。对于新引进的山羊，人们不吃它们，而是养来与其他部落作交换。

所有这些谨慎和区别，如能一贯地执行下去，会使他们的文化看起来是禁绝污垢的。但最终发生的才最为重要。就主要部分而言，他们的正式仪式都基于范畴区分，如人类、动物，男性、女性，年轻、年老等。但是他们还会经历一系列祭仪，这些仪式允许仪式参与者吃那些在正常情况下被认作是危险和禁忌的食肉类动物、野生动物的胸腔以及动物幼仔。在一个秘密的祭仪中，一个在世俗生活中会引发恐惧的混血杂种被仪式参与人虔诚地吃掉，它被认为是生育力最有力的来源。在这一点上，人们能看出，这毕竟是继续了刚才的园艺比喻，一个化污染为肥料的宗教。它把被抛弃的东西重新利用以使生命更新。

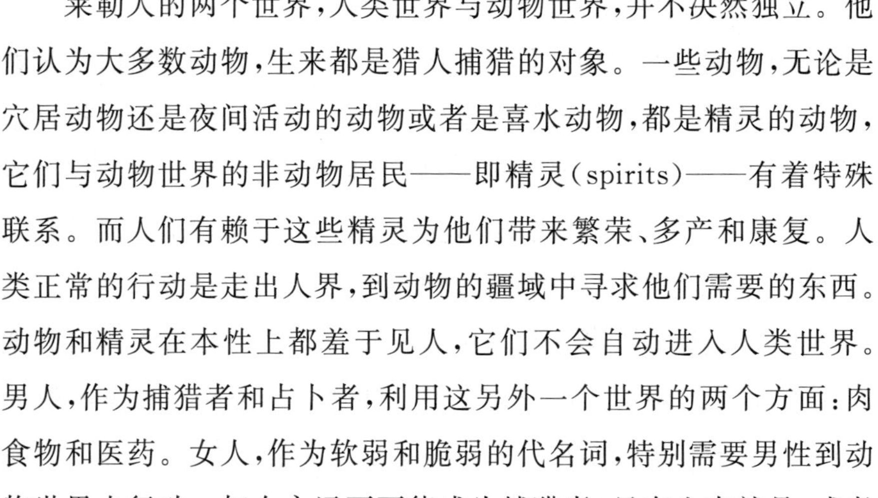

莱勒人的两个世界，人类世界与动物世界，并不决然独立。他们认为大多数动物，生来都是猎人捕猎的对象。一些动物，无论是穴居动物还是夜间活动的动物或者是喜水动物，都是精灵的动物，它们与动物世界的非动物居民——即精灵（spirits）——有着特殊联系。而人们有赖于这些精灵为他们带来繁荣、多产和康复。人类正常的行动是走出人界，到动物的疆域中寻求他们需要的东西。动物和精灵在本性上都羞于见人，它们不会自动进入人类世界。男人，作为捕猎者和占卜者，利用这另外一个世界的两个方面：肉食物和医药。女人，作为软弱和脆弱的代名词，特别需要男性到动物世界去行动。妇女永远不可能成为捕猎者；只有生来就是，或者生下了双胞胎的妇女才能扮演占卜者的角色。在两个世界的互动之中，妇女是被动的，然而她们也是最需要精灵帮助的，因为妇女有不孕的可能，或者即便怀了孕也有可能流产，而精灵则能够为她们提供治疗。

除了代表妇女和儿童的男性进攻与男性仪式之间的正常关系外，人类和荒野之间还有着两类中介桥梁。一是为行善，另一个是为作恶。危险的桥梁由坏了良心变为法术师的人所构成。他们丧失本性与猎物为伍来对抗捕猎者，又对抗占卜者，以带来死亡而不是康复。由于他们跨界进入动物的领域，又引来一些动物从动物界进到人界。这就是人们常见的食肉类动物。它们从人类的村庄中攫取鸡，并就地做法术师的法术。

208 另一种模糊的存在方式与生育力有关。伴随着痛苦和危险而生育是人的本性，单胎是他们的正常生育状况。与人类相反，动物被认为生来就生殖力旺盛。它们生育后代也没有疼痛和危险。它们在正常情况下都是双生甚至能生多胎。当一对人类父母生出了双胞胎或三胞胎，他们就能够打破正常的人类界限。他们在某种程度上是反常的，却是最为幸运的可能方式。这种人在动物界也有类似的对应物，那就是仁慈的怪兽，莱勒人对它们，例如穿山甲或者有鳞的食蚁兽顶礼膜拜。这类动物同一切最显而易见的动物分类相矛盾。它们有鳞，像鱼，却能爬树。它们更像是卵生的蜥蜴而不像是哺乳动物，却用奶水哺育幼仔。意义最为重大且与其他小型哺乳动物不同的是，它们是单胎生育。在遭遇捕猎者的时候它既不攻击也不逃跑，而是缩成一团静待捕猎者离去。因此，人界的双胞胎父母和丛林中的穿山甲都被看作是多产的源泉而被供奉起来。在仪式中，穿山甲不会引发人们的恐惧，它也不被看作是反常的东西。相反，仪式的参与者会在庄严的典礼上吃掉穿山甲。他们会因此给族人带来多产的能力。

这是一个来自动物领域的神秘调解之物。它与伊利亚德记叙萨满教里那些使人着迷的人类调解者极其相类似。莱勒人对穿山甲行为的描述以及他们对穿山甲膜拜祭祀的态度，使人惊异地回想起用基督教传统解释的《圣经・旧约》中的篇章。如同亚伯拉罕那灌木丛中的公羊或者如同基督，穿山甲也被说成是自愿前来的牺牲品。它不是被抓住的，而是自己跑到村子里来的。它是君王般的牺牲品：整个村庄对待它的尸体像对待活着的酋长一样，并且要求人们像尊敬酋长一样尊敬它，违者会遭受未来的灾难。只要此类仪式得到忠实执行，妇女就会怀孕，动物也会钻入捕猎者的陷阱或倒在捕猎者的箭下。穿山甲的神秘是充满悲伤的神秘。

“现在我要进入痛苦之屋了”，当仪式参与人抬着穿山甲的尸 209
体在村子中游行时唱道。除了这引人入胜的诗行，当地人没有告诉我更多的膜拜仪式歌曲。这个膜拜仪式显然具有许多不同的意义种类。在这里，我要将其限制在两个方面加以讨论：一个是它达到对立物联合的方法，这个联合被看作是向善力量的源泉；另一个是那看上去自愿的动物献身和受死。

我在第一章中，解释了研究污染需要以更宽广的方法来研究宗教的理由。把宗教定义为对精灵的信仰未免过于狭隘。最重要的是，除非根据人们在赎罪行动中想要建立起他们所有经验的联合并且要克服区别和分隔的普遍欲望，否则，本章主题的讨论就不可能展开。对立双方的戏剧性组合是一个在心理上给人满足的主题，它也充满了在不同层次供人解释的领域。但与此同时，任何一个表达对立面圆满联合的仪式本质上都是宗教主题的灵巧传达手段。莱勒人对穿山甲的膜拜活动只是一个例子，还有很多例子可供引用。这些膜拜仪式使得仪式参与者反向地面对他们周围整个文化赖以建筑其上的分类加以思考，从而意识到它们的表象都是虚构、人造、专断的创造物。莱勒人在他们整个的日常生活，尤其是他们的仪式生活中，都专注于形式。他们没完没了地表演他们社会和文化环境赖以生存的辨别力。他们按部就班地惩罚破坏回避规则的行为或将不幸归因于它们。这些规则的内涵或许并无压制性。但是通过有意识的努力，他们用这些规则来回应天空中的生灵在本质上与大地上的生灵不同的理念。他们因而相信，一位孕妇食用后者是危险的，而食用前者则是滋补的，如此等等。这些莱勒人准备吃饭时，他们显然也是在显示自己宇宙观中的主要分类。这与演示神圣礼拜仪式的古以色列人相比毫不逊色。

210 接下来就是他们一切仪式生活中的秘密膜拜仪式。在这样的仪式中，参与者对危险具有免疫力，而这危险是会杀死未参与过仪式者的。仪式的参与者接近、抓住、杀死并吃掉动物。动物自身结合了被莱勒文化所分离的诸多矛盾元素。如果他们能从我们的哲学中选取一种最接近仪式时刻的表述，那么穿山甲仪式的参与者就应该是原始的存在主义者。通过那个神秘的仪式，他们承认了分类的偶然和常规特性。在这样的气氛里他们经历着自己的经历。如果一贯地回避模糊与不明确，他们就会使自己陷入理想与现实的对立与纷争。但他们却以一种极端和聚精会神的形式来直面模糊与不明确。他们敢于抓住穿山甲并将其用于仪式。所以穿山甲膜拜仪式能够唤起对洁净与不洁以及人类思考自身存在的局限性的沉思与冥想。

穿山甲并非仅仅克服了宇宙的区分。它向善的力量也通过死亡释放出来，并且似乎是有意这样做的。如果他们的宗教是铁板一块，我们或许会能根据前述，将莱勒人的宗教归为确认污垢的一类，并且会期待他们能听天由命地面对痛苦，并且会将死亡变成令人安慰的赎罪和新生的仪式。但是当真正的死亡降临到一个家庭成员的头上时，在自成一体的穿山甲膜拜仪式中表现得尽善尽美的形而上学观念却被弃置一旁。莱勒人会断然拒绝承认刚刚发生的死亡。

常有人说在这个或那个非洲部落氏族里，人们不承认自然死亡的可能性。莱勒人也不是傻瓜。他们承认生命终将到头。但即使自然进程不可逆转，他们也期待每个人能够活过自己自然的寿命，慢慢地从老迈进入坟墓。当这样的期待成真时，莱勒人会欢庆，因为这样的老夫老妇战胜了路途上所有的陷阱而达到了完满。
但这样的情况鲜有发生。莱勒人认为，大多数的人远在他们到达 211
目的地之前就会被法术击倒。法术不属于在莱勒人事物中的自然秩序。法术是人的事后设计，而非造物中的意外事件。莱勒人文化的这一反面是威廉·詹姆斯所描述的健全心智的最好例证。莱勒人的整个世界体系没有恶的容身之地，它会被毫不含糊地剔除出去。剩下的一切恶都是由法术导致。莱勒人能够清楚地想见没有法术的现实会是什么样子。他们坚持不懈地努力通过驱逐法术师达到这种理想状态。

任何民族如果有了将恶置于现实世界之外的形而上学思想，

他们的思维方式中就会含有千禧年倾向。莱勒人的千禧年主义在他们周期性发生的反法术膜拜中爆发成烈焰。一个新的膜拜祭祀到来会暂时烧掉传统宗教的整个设施。这种由膜拜祭祀表现的拒斥与确认反常事物的精细体系，周期性地被最新出现的反法术膜拜所取代，说明后者恰恰是一举引入千禧年的尝试[见：Middleton and Winter，*Witchcraft and Sorcery in East Africa*（《东非的巫术和法术》）]。

因此，我们必须充分估量莱勒人宗教中的两大倾向：一个是随时准备揭开出于思考的必要性而强加的面纱来一睹现实的真相；另一个是否认必然性，否认痛苦在现实中的存在，甚至否认现实中的死亡。因而，威廉·詹姆斯的问题就变成了判断这两种倾向哪一个更强的问题。

如果穿山甲膜拜仪式在莱勒人世界观中的地位正如我描述的那样，人们就能设想这样的膜拜会带有轻微的放纵狂欢意味，即对阿波罗形式的暂时破坏。或许，从根源上讲，这种群体盛筵更接近于酒神式的狂欢。但莱勒人的仪式中没有一丁点儿迹象表明它是不受控制的。他们不使用麻醉品、舞蹈和催眠，或者任何能够放松大脑对身体的有意识控制的手段。即使那些被认为能与丛林精灵
212 做直接的神交，在丛林精灵附身时要通宵为其唱歌的占卜者，也仅用沉静有节的方式歌唱。这些人更关心的是他们的宗教能在多产、治愈和打猎方面给他们带来什么，而不是关心怎样完善自身，以达到最全面意义上的宗教联合。他们的多数仪式都是真正的魔法仪式，都是为特定疾病的治愈，或者在某次捕猎的前夕举行，指望的都是获得立竿见影的成功。大多数时候，莱勒占卜者更像是

那些擦着神灯等待奇迹发生的阿拉丁。只有膜拜祭祀的入会仪式才能使我们一窥他们宗教洞见的另一个层面。但这些仪式的教诲也被人们对法术和反法术所投入的激情所掩盖。任何法术指控的结果都受制于强烈的政治和个人问题。真正让公众动心的仪式总是那些追查法术师或为他们脱罪,为法术师辩白或对其破坏进行修复的仪式。强大的社会压力迫使人们将每一例死亡都归因于法术。结果,无论正式宗教会怎样解释宇宙的本质和现实中的混沌、痛苦和解体的原因,莱勒人都会基于社会经历而提出不同的观点。依照这种观点,恶属于事物的正常设计之外,不是现实的一部分。因此莱勒人看上去总面带基督教科学派信徒特有的克制笑容。如果他们不依照膜拜活动的实践,而是依照他们周期性地推翻这些膜拜的信仰来分类,他们的表现简直就可以说是理智健全,排斥污垢,不为温和的穿山甲神话所动。

将莱勒人看作试图逃避整个死亡主题的民族的代表是不公平的。我在这里引用他们的例子主要是为了展示一点,即评判一个文化对这类事物的态度会是多么的困难。我对他们的深奥教义知
之甚少,因为这些教义属于膜拜祭祀中的男性成员小心保护的秘 213
密。这种深奥性本身也大有意味。莱勒人的宗教隐秘与他们东南方的邻居恩丹布人(Ndembu)膜拜仪式那更加开放的规则和更具公共性的展示形成了鲜明对照。一旦神职人员出于种种社会原因保守他们教义的秘密,人类学家作出错误报道就在所难免。即使宗教信条可以大张旗鼓地对外公布,法术也不可能被当成宗教教义而说出。

于是,对莱勒人来说,死亡能够引发的最主要的反思就是复仇

的想法。任何个别的死亡都被认为是人为的,是那些堕落的反社会的人类成员犯下的邪恶之罪。正如所有污染象征的焦点都是身体,污染远景所指向的最终难题是身体的瓦解。死亡对任何形而上学体系都是一个巨大的威胁,但是这个挑战却不必直接面对。我想说的是,莱勒人通过将每一例死亡看作是背叛和蓄谋的个人行为,而避开了死亡的形而上学内涵。他们的穿山甲膜拜活动为人们提供了对于人类思想范畴不完善性的沉思。但有资格做这种思考的人毕竟为数极少,况且这与他们的死亡经历并没有直接地关联起来。

关于莱勒人的穿山甲膜拜活动我已说得太多。其实,我们还没有神学或者哲学著述来阐述莱勒人这种膜拜的含义。莱勒人没有就它的形而上学内涵向我讲过什么。我也没有偷听到占卜者之间关于这一领域的谈话。事实上,我曾记录了(1957)我开始用宇宙观模式来分析莱勒人的动物象征的原因,那是因为我受挫于自己通过直接询问试图找出莱勒人食物回避的理由。他们从来没有说过:“我们回避反常动物是因为它们违反了我们宇宙的分类范畴,从而深深地引发了我们的忧虑不安。”但对于每一种必须回避
214 的动物,他们都能对其自然史作出长篇大论。反常动物的完全列表能够清楚揭示他们运用的简单分类原则。但穿山甲总被说成是最令人难以置信的怪兽。头一次听说穿山甲,我感到它是如此稀奇让人无法相信其存在。问起为什么这种动物会成为生育膜拜的焦点时,我再次受挫:这是祖先很久以前传下来的说法。

对于此种或者任何一种膜拜的含义,我们能索求出什么样的证据才算合理?它的含义或有很多不同层次和种类。但我论证所

据的含义出于一个模式，其中的各个部分能够无可争议地显现出彼此有规律的相关。社会中的任何一个成员对于整个模式的感知，肯定不会比说话者对其所用语言的模式知晓得更多。吕克·德胡什(Luc de Heusch)曾经分析过我的材料。他指出穿山甲身上所承载的莱勒人文化对于分类范畴的辨别，肯定比我所认识到的要多。我或许能证明自己对莱勒人何以要在仪式中杀死穿山甲并把它吃掉的解释是正确的，因为其他原始宗教中也有关于这种形而上学观点的相似记录。此外，各种信仰体系，除非在我们所能认知原始文化层面之外还能提供更深层面的思考，否则就不可能幸存下来。

大多数宗教都以它们的仪式许诺能给外在事件带来种种变化。不论它们许诺什么，死亡都必须被看作是在所难免的。人们通常认为，最伟大的形而上学发展离不开最彻底的悲观主义以及对此生美好事物的蔑视。如果它们能像佛教那样教导人们个人的生命如微尘一般，生命中的快乐短暂且不圆满，就会处于更有力的哲学地位，就能在无所不在的宇宙目的情境中思考死亡了。广义地讲，原始宗教的义理与芸芸众生接受的更精细的宗教哲学并无 215
二致：它们并不那么关注哲学，而是对仪式和道德遵从所能带来的物质利益更感兴趣。但接踵而来的难题是，最强调仪式工具性效用的宗教也最容易失去人们对它的信仰。如果忠诚的信众都把仪式看成获得健康和繁荣的手段，看成一盏盏可以被擦的神灯，那么终有一天，仪式的全套程序都会变成空洞的闹剧。因此，信仰的某些内容必须被保护起来以免受失望的困扰，否则它们就不能维持人们对它的赞同。

保护仪式使其免受怀疑的方法之一是假设社群内外有敌人在不断地消解仪式的有益作用。循此思路，不道德的魔鬼或法术师和女巫就成了追究责任的对象。但这样的保护作用有限，因为它确认把仪式看成达到欲望的工具这种想法是正确的，进而还是会暴露出仪式不能达到目的的弱点。因此，借助魔鬼学(demonology)或法术来解释恶的宗教都不能提供全面领会存在之整体的方法。这样的宗教更像是乐观的、心智健康和多元的宇宙观。无独有偶的是，威廉·詹姆斯所描述的那些心智健康哲学的原型——基督教科学派——也倾向于用一种特别发明的魔鬼学来补充其对恶的不充分解释。我十分感激罗斯玛丽·哈里斯(Rosemary Harris)向我提供有关玛丽·贝克·艾迪(Mary Baker Eddy)相信"恶意动物磁性说"(malicious animal magnetism)的信息，她把她无法忽略的恶都归因于此(Wilson，1961，pp.126－127)。

保护宗教能在此时此地带来繁荣的信仰的另一种方法是让仪式的功效系于困难的情境。一方面，可以把仪式搞得十分复杂，难以举行：最微小的程序细节差错都能使整个仪式失效。这是狭义
216 上的工具性手段，是最不上道的魔法伎俩。另一方面可以把仪式的成功系于正确的道德情境：仪式的表演者和观看者必须持有合适的心态，没有内疚，没有恶意等。仪式效果所要求的道德状态能将笃信者与宗教的最高目的联系起来。以色列的先知大喊"祸哉，祸哉，祸哉！"这种做法能为仪式没有带来和平繁荣提供更多的解释。听到这喊叫的人们都不会再用魔法的观念来狭隘地看待仪式。

第三种方法就是让宗教训诫改变它的侧重点。日常的多数情境下，宗教训诫告诉虔诚的人们，只要他们遵守道德准则，举行适

当的仪式，他们的田地就会繁茂，他们的家族就会人丁兴旺。但在另外的情境下，一切虔诚的努力都被藐视，正确的行为失去价值，物质上的目标突然被人轻视。我们不能说它们突然变成了没有任何道德干系，只是许诺现世幻灭的宗教。但它们确实沿着这条路径走了一程。例如，恩丹布人的奇哈姆巴（Chihamba）成人仪式需要杀死白色精灵，而这精灵恰恰被认为是他们的祖父，是多产和健康的来源。人们杀死自己的祖父却被认为是清白无罪，认为这是值得高兴的事（Turner，1962）。恩丹布的日常仪式被看作是获得健康和捕猎丰收的手段，因而要一丝不苟地举行。奇哈姆巴，作为他们最重要的膜拜仪式，却是他们幻灭的时刻。这个仪式使他们对其他的仪式有所怀疑和否定。但特纳坚持认为，奇哈姆巴仪式的目的是运用悖论和矛盾来表达其他方式无法表达的真理。人们在奇哈姆巴仪式中面对的是更加深刻的现实，从而要用与以往不同的标准来衡量他们的目标。

我不禁要做这样的假想，即很多原始宗教一方面许诺物质上的成功，另一方面又通过同样的方法来扩展它的视野来抵御冒失的实验以保护自己。因为对物质健康和幸福的狭隘关注会使宗教 217
易受质疑。我们据此能够设想那些莫名其妙地未能兑现许诺的逻辑会引导仪式的主持者去思考更加广泛、更加深刻的主题，比如恶与死亡的神秘之处。如果这种推测正确，那么我们就能预见那些看上去最唯物的膜拜祭祀将会在仪式循环周期的关键点上演出生命与死亡悖论的终极统一。在这一点上，死亡的污染被当作积极的创造性角色来对待，从而有助于弥合形而上学的裂隙。

我们可以举一个例子，那就是居住在尼亚萨湖的北岸的尼亚库萨人的死亡仪式，他们明明白白地将污垢与疯狂联系起来：疯了的人才会吃污秽的东西。疯狂有两种，一种是神降的，另一种是由于忽视仪式导致的。因此他们清楚明白地将仪式看作是分类和知识的来源。不论疯狂的原因是什么，其症状都是一样的。疯了的人吃污秽的东西并且乱脱自己的衣服。污秽之物等于排泄物、泥巴、青蛙，“疯子吃的污秽就像是死亡的污秽，那些排泄物就是尸体。”（Wilson，1957，pp.53，80－81）。因此仪式保持了卫生和生命：疯狂带来了污秽，是一种形式的死亡。仪式将死亡从生命中分隔出去：“去世的人，如果不与活着的人分离开来，就会给活着的人带来疯狂。”这是关于仪式如何发挥作用的一个颖悟的观点，它回应着我们在第四章提出的见解。尼亚库萨人既然不能容忍污秽，就对污染有很强的意识。他们遵守精细的限制和约束，不与身体排泄物做任何接触，因为那在他们看来是十分危险的。

> 乌班尼亚里（*ubanyali*），即污秽，被认为是来源于性液、月经、生产，以及尸体和被杀死的敌人的血液。这些东西都被看作是令人厌恶的、危险的，其中的性液被认为对婴幼儿尤其有害。
>
> 218 （第 131 页）

接触经血对男人来说是危险的，对武士来说尤其如此，因此，月经期给男人做饭的女人要遵守十分严格的限制。

但尽管有这种正常的回避，服丧仪式中的主要活动却是积极地欢迎污秽。他们将垃圾扫到哀悼者身上。“这垃圾是死亡的垃圾，它是污垢。‘让它现在来吧，’我们说，‘让它以后不再来，愿我们永不会变疯……’这其中的含义是‘我们已经将一切献给了您，我们已经吃了灶塘上的污秽’。因为如果有人疯了的话，他就会吃污秽的东西，吃排泄物……”(第 53 页)我们意识到对这一仪式的解释应该还有更多内容。但是让我们暂时止于尼亚库萨人对于这个仪式的简短解释：主动地拥抱死亡的象征物是对死亡效果的积极预防；死亡的仪式表演是一种保护措施，不是为了抗拒死亡，而是为了抵御疯狂(第 48—49 页)。在其他所有情况下，他们都回避排泄物和污秽物，并把不这样做当成发疯的征兆。但在自身面临死亡的时候，他们放弃了一切，甚至宣称自己像疯人一样吃污秽的东西，以此来保持自己的理智。如果他们忽视这种恣意接受身体污染的仪式，疯狂就会附体；如果他们能举行这仪式就能确保自己的卫生与健康。

通过欢迎来软化死亡效果的另一个例子，如果我们能这样讲的话，就是丁卡人置他们年老的鱼叉之王于死地的谋杀仪式。这是丁卡人宗教中的核心仪式。其他的所有仪式以及用身体表达的献祭在这不是献祭仪式的仪式面前都黯然失色。鱼叉之王来自世袭的神职氏族。他们的神性即肉体是生命、光明和真理的象征。鱼叉之王能让神性附体，他们所做的献祭和献祭带来的祝福要比其他人更有效更灵验。他们在部落与神祇之间起着媒介作用。他们的死亡仪式背后隐含的信念是不能让鱼叉之王的生命随着他垂死的身体呼出的最后一口气而跑掉。通过把他的生命留在体内，
他的生命就能被保持下来；他的灵魂也就能为了社群的利益而传 219
导到他的继承者身上。因为神职祭司大无畏的自我牺牲，整个社

区得以作为一种理性的秩序延续。

在外国旅行者的口碑里，这变成了野蛮地使一位无助的老者窒息死亡的仪式。但对丁卡人宗教观念的仔细研究揭示出这一仪式的中心主题是老者能自愿选择时间、地点以及死亡的方式。老者本人要求为他的死亡做好准备，他代表自己的人民向自己的人民提出这个要求。他被人们虔诚地抬到自己的墓地，躺入墓穴，在预期的自然死亡之前向悲痛的儿子交代最后遗言。通过自由刻意的选择，他剥夺了死亡在时间和地点上的不确定性。他本人的自愿死亡，在仪式上由墓穴构成框架，对于他的所有人民是共同体的胜利（Lienhardt）。通过直面并坚定地攫住死亡，他向他的人民讲述了关于生命本质的一些东西。

这两个死亡仪式案例中的共同要素就是死亡进程中人类的自由和理性选择的行使。莱勒人的穿山甲自我献祭里也包含着同样的观念。恩丹布的杀害卡乌拉（Kavula）仪式也是如此，因为这种白色精灵不但不会生气还会很高兴地受死。如果说死亡污染的表征也能从坏到好地逆转的话，这就可谓是另一个主题了。

在人类的宇宙的秩序中，动物和植物的生命不由自主地扮演着各自的角色。它们别无选择，只能依照自己的本性来。偶然地也会有一些奇特的种群或者个体逾越界限。这时，人类就会以回避这种或那种动植物来做出反应。人们对暧昧不明行为的反应表达的是一种期许，即万事万物都应正常遵从世界的治理法则。但在他们自己作为人的经历中，人们知道他们个人对法则的遵从并不是那么确定。因此惩罚、道德压力、关于不许碰不许吃的规则、严格的仪式框架，这些都能帮助人们与其他事物和谐共处。然而，

只要遵从取决于自由赞同，它的实行就不会完美。我们在此又一 220
次发现了原始的存在主义者，他们只能通过选择才能逃脱必然的锁链。当有人自由地拥抱死亡的象征或死亡本身时，那就与我们迄今为止的所有观察相一致，我们将有望看到为善力量的伟大释放。

年迈的鱼叉之王发出信号让别人杀死自己，这就构成了一个固定的仪式行动。这行动没有阿西西的圣方济各赤裸身体在污秽中翻滚迎接他的姐妹——死亡——那样来得引人注目。但他的行动触及同样的神秘。如果有人持有死亡和受苦不是自然整体必要组成部分的观念，这个错觉就得到了纠正。如果还存在这样的诱惑，即把仪式看作神灯，只要不断地摩擦它就能获得无穷的财富和力量，仪式就展示了它的另外一面。如果价值的阶序还是赤裸裸的物质，那么悖论和矛盾就把它戏剧性地加以颠覆。在描画这样
的黑暗主题时，污染象征就像黑色在任何画面中一样必不可少。221
因此我们看到，腐朽会在神圣的地方和时刻被奉为神奇。

参考文献

Abercrombie, M.L.Johnson, 1960. *The Anatomy of Judgment*. London.

Ajose 1957. 'Preventive Medicine and Superstition in Nigeria', *Africa*, July 1957.

Bartlett, F.C., 1923. *Psychology and Primitive Culture*. Cambridge.

——1932. *Remembering*. Cambridge.

Beattie, J., 1960. *Bunyoro, An African Kingdom*. New York.

——1964. *Other Cultures*. London.

Berndt, Ronald, 1951. *Kunapipi, A Study of an Australian Aboriginal Religious Cult*. Melbourne.

Bettelheim, B., 1955. *Symbolic Wounds*. Glencoe, Illinois.

Black, J.S. and Chrystal, G., 1912. *The Life of William Robertson Smith*. London.

Black, M. and Rowley, H. H., 1962. (Eds) *Peake's Commentary on the Bible*, London.

Bohannan, P., 1957. *Justice and Judgment among the Tiv*. London.

Brown, Norman, O., 1959. *Life against Death*. London.

Buxton, Jean, 1963. Chapter on 'Mandari' in *Witchcraft and Sorcery in East Africa* (Eds) Middleton and Winter, London.

Cassirer, E., 1944. *An Essay on Man*. Oxford.

Cumming, E. and Cumming, J., 1957. *Closed Ranks-an Experiment in Mental Health Education*. Cambridge, Mass.

de Heusch, L., 1964. 'Structure et Praxis sociales chez les Lele', *L'Homme*, 4. pp.87—109.

de Sousberghe, L., 1954 'Étuis Péniens ou Gaines de Chasteté chez les Ba-

Pende', *Africa*, 24.3.pp.214—19.

Douglas, M., 1957. 'Animals in Lele Religious Symbolism', *Africa*, 27, 1.

——1963. *The Lele of the Kasai*. London.

Driver, R.S., 1895. *International Critical Commentary on Holy Scriptures of the Old and New Testaments: Deuteronomy*.

Driver, R.and White, H.A., 1898. *The Polychrome Bible, Leviticus*. London.

Dubois, Cora, 1936. 'The Wealth Concept as an Integrative Factor in Tolowa-Tututni Culture'. Chapter in *Essays in Anthropology, Presented to A.L. Kroeber*.

Dumont, L.and Peacock, D., 1959. *Contributions to Indian Sociology*, Vol. Ⅲ.

Durkheim, E., 1912, 1947edit. Trans. J. Swain, Glencoe, Illinois, *The Elementary Forms of the Religious Life*. Paris. References made to pages in paperback edition, 1961, Collier Books, New York.

Ehrenzweig, A., 1953. *The Psychoanalysis of Artistic Vision and Hearing*. London.

Eichrodt, W., 1933 (1st edit.) *Theology of the Old Testament*. Trans. Baker 1961.

Eliade, M., 1951. *Le Chamanisme* (Trans.1964). Paris.

——1958. *Patterns in Comparative Religion*. London. Trans. from *Traité d'Histoire des Religions*, 1949.

Epstein, I., 1959. *Judaism*. London.

Evans-Pritchard, E. E., 1934. 'Levy-Bruhl's Theory of Primitive Mentality', *Bulletin of the Faculty of Arts, Cairo*, Vol. Ⅱ, part 1.

——1937. *Witchraft, Oracles and Magic among the Azande*. Oxford.

——1940. *The Nuer*. Oxford.

——1951. *Kinship and Marriage among the Nuer*. Oxford.

——1956. *Nuer Religion*. Oxford.

Festinger, L., 1957. *A Theory of Cognitive Dissonance*. Evanston.

Finley, M., 1956. *The World of Odysseus*. Toronto.

Firth, R., 1940. 'The Analysis of Mana: an empirical approach', *Journal of*

Polynesian Society,48.4.196.pp.483 - 508.

Fortes,M.,1959.*Oedipus and Job in West African Religion*.Cambridge.

Fortes,M.and Evans-Pritchard,E.E.,1940.*African Political Systems*,Oxford.

Freedman,Maurice,1971.*Chinese Lineage & Society,Fukien and Kwangtun*.Athlone Press,London.

Gellner,E.,1962.'Concepts and Society'.International Sociological Association.*Transactions of the Fifth World Congress of Sociology,Washington,D.C.*,Vol.1.

Genét,Jean,1949.*Journal du Voleur*.Paris.

Gluckman,M.,1962.*Essays on the Ritual of Social Relations*.Manchester.

Goffman,E.,1956.*The Presentation of the Self in Everyday Life*.New York.

Goldschmidt,W.,1951.'Ethics and the Structure of Society',*American Anthropologist*,53,1.

Goody,J.,'Religion and Ritual:the Definitional Problem',*British Journal of Sociology*.Ⅻ.2.

Grönbech,V.P.I.,1931.*The Culture of the Teutons*,2 vols.First printed in Danish,1909 - 12.

Hardy,T.,1874.*Far from the Madding Crowd*.London.

Harper,Ed.B.,1964.*Journal of Asian Studies*,XXIII.

Hegner,R.,Root,F.,and Augustine,D.,1929.*Animal Parasitology*.New York and London.

Herz,J.H.,1935.*The Talmud*.

——1938.*Pentateuch & Haftorahs*,London.

Hodgen,Margaret,1935.*The Doctrine of Survivals.A Chapter in the History of Scientific Method in the Study of Man*.London.

Hogbin,H.I.,1934.*Law and Order in Polynesia*.London.

Horton,R.,1961.'Destiny and the Unconscious in West Africa',*Africa*,2,April.

James, William, 1901 – 2. *The Varieties of Religious Experience*. London 1952.

James, E.O., 1938. *Comparative Religion*. Methuen.

Kant, Immanuel, 1934. *Immanuel Kant's Critique of Pure Reason*, Norman Kemp Smith, abridged edit. Preface to 2nd edit. of *Critique of Pure Reason*.

Kellog, S.H., 1841. *The Expositor's Bible*. London.

Kopytoff, lgor, 1964. 'Family and Lineage among the Suku of the Congo', in *The Family Estate in Africa*. (Eds) Gray, R. and Gulliver, P. London.

Kramer, Noah, 1956. *From the Tablets of Sumer*. Denver.

Krige, E.J. and Krige, J.D., 1943. *The Realm of a Rain Queen*. London.

Kroeber, A.L., 1925. *Handbook of the Indians of California*. Washington D.C.

Lagrange, M.J., 1905. *Études sur les Religions Semitiques*. 2nd edit. Paris.

Leach, E., 1961. *Re-Thinking Anthropology*. London.

Lévi-Strauss, C., 1958. *Anthropologie Structurale*, *Magie et Religion* in Chapter X, 'L'efficacité Symbolique', originally published under same title in *Revue de l' Histoire des Religions*, 135, No.1, 1949, pp.5 – 27.

Levy-Bruhl, L., 1922. *La Mentalité Primitive*, Paris.

——1936. *Primitives and the Supernatural* (Trans. Clare). London.

Lewis, I. M., 1963. 'Dualism in Somali Notions of Power', *Journal of the Royal Anthropological Institute*, 93, 1. pp.109 – 16.

Lienhardt, R.G., 1961. *Divinity and Experience*. Oxford.

Macht, D.I., 1953. 'An Experimental Pharmacological Appreciation of *Leviticus* XI and *Deut* XIV', *Bull. Hist. Medicine*, Vol.27, pp.444 ff.

Maimonides, Moses, 1881. *Guide for the Perplexed*. Trans. M. Friedlander, 1st edit. London.

Marshall, L., 1957. 'N/OW', *Africa*, 27, 3.

Marshall-Thomas, E., 1959. *The Harmless People*. New York.

Marwick, M.G., 1952. 'The Social Context of Cewa Witch Beliefs', *Africa*, 22, 3. pp.215 – 33.

Mauss, M., 1902 – 1903. 'Esquisse d'une Théorie Générale de la Magie', *L'Année*

Sociologique, 1902 – 3, in collaboration with H. Hubert. Reprinted 1950 in *Sociologie et Anthropologie*. Paris.

McNeill, J. T. and Gamer, H. M., 1938. *Medieval Handbooks of Penance*. New York.

Mead, M., 1940. 'The Mountain Arapesh', *Anthropological Papers*, American Museum of Natural History, Vol.37.

Meek, C.K., 1937. *Law and Authority in a Nigerian Tribe*. Oxford.

Meggitt, M., 1962. *Desert People*. Sydney.

——1964. 'Male-Female Relationships in the Highlands of Australian New Guinea', *American Anthropologist*, 2.66.4.pp.204 – 23.

Micklem, Nathaniel, 1953. *The Interpreter's Bible*, *II*, *Leviticus*.

Middleton, J., 1960. *Lugbara Religion*. London.

Milner, Marion, 1955. 'Role of Illusion in Symbol Formation', in *New Directions in Psychoanalysis*. (Ed.) Klein, M.

Morton-Williams, P., 1960. 'The Yoruba Ogboni Cult in Oyo', *Africa*, 30, 4.

Moulinier, Louis, 1952. *Le Pur et l'Impur dans la Pensée des Grecs*, *d'Homèreà Aristote*. Etudes et Commentaires, XI. Paris.

Nadel, S.F., 1957. 'Malinowski on Magic and Religion', in *Man and Culture*. (Ed.) R. Firth. London.

Naipaul, V.S., 1964. *An Area of Darkness*. London.

Onians, R.B., 1951. *Origins of European Thought about the Body*, *the Mind*, *etc*. Cambridge.

Osterley and Box. *The Religion of the Synagogue*.

Parsons, Talcott, 1960. Chapter in *Emile Durkheim*, 1858 – 1917. *A Collection of Essays with Translations and a Bibliography*. (Ed.) Kurt H. Wolff. Ohio.

Pfeiffer, R.H., 1957. *Books of the Old Testament*.

Pole, David, 1961. *Conditions of a Rational Enquiry into Ethics*.

Posinky, 1956. *Psychiatric Quarterly* XXX, p.598

Pospisil, Leopold, 1963. *Kapauku Papuan Economy*. New Haven.

Radcliffe-Brown, R., 1933. *The Andaman Islanders*. Cambridge.

——1939.*Taboo*, Frazer lecture.

Radin, Paul, 1927.*Primitive Man as Philosopher*.New York.

——1956.*The Trickster, A Study in American Indian Mythology*.London.

Raum, O., 1940.*Chaga Childhood*.

Read, H., 1955.*Icon and Idea, The Function of Art in the Development of Human Consciousness*.London.

Read, K.E., 1954.'Cultures of the Central Highlands', *South Western Journal of Anthropology*, 10.1 - 43.

Richards, A. I., 1940. *Bemba Marriage and Present Economic Conditions*. Rhodes-Livingstone Paper, No.4.

——1956.*Chisungu*.Faber, London.

Richter, Melvin, 1964.*The Politics of Conscience, T.H.Green and His Age*. Weidenfeld and Nicholson, London.

Ricoeur, P., 1960.*Finitude et Culpabilité*.Paris.

Robins, R.H., 1958.*The Yurok Language*.Berkeley, California.

Robertson Smith, W., 1889.*The Religion of the Semites*.A.and C.Black, Edinburgh.

Roheim, G., 1925.*Australian Totemism*.Allen and Unwin, London.

Rose, H.J., 1926.*Primitive Culture in Italy*.Methuen, London.

——1954.*Journal of Hellenic Studies*, 74, review of Moulinier.

Salim, S.M., 1962.*Marshdwellers of the Euphrates Delta*.London.

Sartre, J.P., 1943.*L'Etre et le Néant*.3rd edit.Gallimard, Paris.

——1948.*Portrait of an Anti-Semite*.

Saydon, P.P., 1953.*Catholic Commentary on the Holy Scripture*.

Srinivas, M.N., 1952.*Religion & Society among the Coorgs of South India*. Oxford.

Stanner, W.E.H., *Religion, Totemism and Symbolism*.

Stein, S., 1957.'The Dietary Laws in Rabbinic & Patristic Literature', *Studia Patristica*, Vol.64, pp.141 ff.

Steiner, F., 1956. *Taboo*.Cohen and West, London.

Tempels, Placide, 1952. *Bantu Philosophy*.

Turnbull, C., 1961. *The Forest People*. Chatto and Windus, London.

Turner, V.W., 1957. *Schism and Continuity in an African Society*. Manchester.

——1962. *Chihamba, The White Spirit*, Rhodes-Livingstone Paper No.33.

——1964. 'An Ndembu Doctor in Practice', chapter in *Magic, Faith and Healing* (Ed.) Arikiev. Glencoe, lllinois.

Tylor, H.B., 1873. *Primitive Culture*. Murray, London.

van Gennep, 1909. *Les Rites de Passage*. (English translation 1960). Routledge, London.

Vansina, J., 1955. 'Initiation Rituals of the Bushong', *Africa*, 25, 2, pp.138 – 52.

——1964. 'Le Royaume Kuba'. Musée Royale de I'Afrique Centrale, *Annales-Sciences Humaines*, No.49.

van Wing, J., 1959. *Études Bakongo*, orig. pub. 1921 (Vol. Ⅰ); 1938 (Vol. Ⅱ). Brussels.

Wangerman, E., 1963. *Women in the Church*, *Life of the Spirit*, 27, 201.

Watson, W., 1958. *Tribal Cohesion in a Money Economy*. Manchester.

Webster, Hutton, 1908. *Primitive Secret Societies. A Study in Early Politics and Religion*. 2nd edit. 1932. New York.

——1948. *Magic, A Sociological Study*. Octagon Books, New York.

Wesley, John, 1826 – 7. *Works*, Vol.5, 1st American edit.

Westermarck, Edward, 1926. *Ritual and Belief in Morocco*. Macmillan, London.

Whateley, R., 1855. *On the Origin of Civilisation*.

Whatmough, Joshua, 1955. *Erasmus*, 8, 1, pp.618 – 19.

Wilson, Brian R., 1961. *Sects and Society*. London.

Wilson, Monica, 1957. *Rituals and Kinship among the Nyakyusa*. Oxford University Press.

Yalman, N., 1963. 'The Purity of Women in Ceylon and Southern India', *Journal of the Royal Anthropological Institute*.

Zaehner, R.C., 1963. *The Dawn and Twilight of Zoroastrianism*, Weidenfeld and Nicholson, London.

索　　引

（索引页码为原书页码，参见本书边码）

B

I

J

K

L

M

N

O

P

U

V

W

附录　玛丽·道格拉斯的主要作品*

Douglas, Mary. 1966. *Purity and danger: an analysis of the concepts of pollution and taboo* / Mary Douglas. London: Routledge & Kegan Paul, 1970.

Douglas, Mary. 1969. *Man in Africa* / ed. by Mary Douglas and Phyllis M. Kaberry. London ; New York [etc.]: Tavistock publications, 1969.

Douglas, Mary. 1970. *Natural symbols: explorations in cosmology* / Mary Douglas. Harmondsworth: Penguin Books, 1978.

Douglas, Mary. 1970. *Witchcraft: confessions [and] accusations* / ed. by Mary Douglas. London: New York [etc.]: Tavistock Publ., 1970.

Douglas, Mary. 1973. *Rules and meanings: the anthropology of everyday knowledge: selected readings* / ed. by Mary Douglas. Harmondsworth: Penguin Books, 1977.

Douglas, Mary. 1975. *Implicit meanings: essays in anthropology* / Mary Douglas. London ; Boston: Routledge & Kegan

* 此附录为译者所加。

Paul,1975.

Douglas,Mary.1978.*Cultural bias* / by Mary Douglas.London:Royal Anthropological Institute,1978.

Douglas,Mary.1979. *The world of goods* / Mary Douglas and Baron Isherwood.New York:Basic Books,cop.1979.

Douglas,Mary.1980.*Evans-Pritchard* / Mary Douglas.Sussex:The Harvester Press,1980.

Douglas,Mary.1982.*Essays in the sociology of perception* / ed.by Mary Douglas.London ;Boston [etc.]:Routledge and Kegan Paul,1982.

Douglas,Mary.1982. *In the active voice* / Mary Douglas. London ;Boston [etc.]:Routledge and Kegan Paul,1982.

Douglas,Mary.1982.*Risk and culture:an essay on the selection of technical and environmental dangers* / Mary Douglas and Aaron Wildavski.Berkeley ;Los Angeles:Univ.of California Press,cop.1982.

Douglas,Mary.1983. *Religion and America:spiritual life in a secular age* / Mary Douglas,Steven Tipton,eds.;introd.by Robert N.Bellah.Boston Mass.:Beacon Press,cop.1983.

Douglas,Mary.1984. *Food in the social order:studies of food and festivities in three American communities* / Mary Douglas,ed.New York:Russell Sage Foundation,cop.1984.

Douglas,Mary.1985. *Risk acceptability according to the social sciences* / by Mary Douglas.New York:Russell Sage Founda-

tion, cop.1985.

Douglas, Mary. 1987. *How institutions think* / Mary Douglas. London: Routledge and L. Kegan Paul, 1987.

Douglas, Mary. 1988. *Constructive drinking: perspectives on drink from anthropology* / ed. by Mary Douglas. Cambridge; New York [etc.]: Cambridge University Press.

Douglas, Mary. 1992. *How classification works: Nelson Goodman among the social sciences* / ed. by Mary Douglas and David Hull. Edinburgh: Edinburgh Univ. Press, cop.1992.

Douglas, Mary. 1992. *Risk and blame: essays in cultural theory* / Mary Douglas. London; New York: Routledge, 1992.

Douglas, Mary. 1993. *In the wilderness: the doctrine of defilement in the Book of Numbers* / Mary Douglas. Sheffield: JSOT Press, cop.1993.

Douglas, Mary. 1996. *Thought styles: critical essays on good taste* / Mary Douglas. London: Sage, 1996.

Douglas, Mary. 1998. *Missing persons: a critique of the social sciences* / Mary Douglas and Steven Ney. Berkeley; Los Angeles [etc.]: Univ. of California Press; New York: Russel Sage Foundation, cop.1998.

Douglas, Mary. 1999. *Leviticus as literature* / Mary Douglas. London: Oxford Univ. Press 1999.

译 后 记

业内的师长和朋友都知道，翻译学术著作常常是吃力不讨好的事情。一方面译事的过程需要耗费大量的时间和精力，有时可能比自己写作还要麻烦和辛苦，但是另一方面这些心血却又在实行“工分制”的学术机构里得不到适当的承认，只被当作无力自主研究之人的次等研究成果。另外，学术著作翻译的价格低廉也早已路人皆知。其结果就是，翻译成了一件类同鸡肋的苦差事，很多人都不愿涉足。但是，学界对于外面世界的了解的需要又是客观的事实。记得初入人类学大门时，业师张海洋教授就为人类学经典作品翻译状况的惨淡而痛心疾首，并敦促我们不要仅为一己之私而畏难不进，而要存着为学术共同体积累资源之心知难而上。事实上，直到现在我们才翻译这部上世纪60年代出版的作品，除了历史政治的原因外，作为一个人类学的从业者来说，想来实在汗颜。

在张海洋教授的鼓励和推动下，我们参与了一些作品的译事，马林诺夫斯基的《科学的文化理论》（中央民族大学出版社，1999年）就是在这个背景下得以产生的中译本。由于是第一次翻译严肃的学术作品，再加上当时自己还没有电脑，以至于我现在对于当时译事过程的印象就只剩下受到业师严厉批评的诛心之痛，以及四度抄写全文的艰辛。之外，我们还参与了格尔兹的《文化的解释》(上海人民出版社,1999 年)的部分翻译工作,由于其行文实在超出了我们当时的理解水平,在勉强将初稿交付负责全书译事的纳日碧力戈博士之后,深感如释重负。这两段经历使我一度对于翻译学术著作心存恐惧,几年间也就翻译了一两篇学术论文,本意也不过是为了更好地把握其中的意思。

直到 2003 年博士学业完成,到中国社会科学院做博士后研究之后,才又重新萌发翻译学术著作的想法,并在随后几年间相继完成了《人类学的哲学之根》(广西师范大学出版社,2006 年)、《仪式过程》(中国人民大学出版社,2006 年),以及本书的翻译。扪心自想,大概可以稍作对张海洋教授当年期许的些许汇报。

几句心路感言之后,还是回到玛丽·道格拉斯(1921—2007)以及《洁净与危险》这本书上来。人类学历史上曾经出现过不少优秀的女人类学家,本尼迪克特和米德大概是其中最有影响力的了。对于国人来说,《菊与刀》则大概是最有人气的人类学作品了,事实上,它在国内书市已经成为一本长销书,经常出现在销售排行榜上。而《洁净与危险》一书则是英国著名人类学家玛丽·道格拉斯的代表作品,最初出版于 1966 年,之后数度重版,是 20 世纪 60 年代最为重要的人类学作品之一。本译本根据的是 2002 年的重印本,其中增加了道格拉斯撰写的一篇再版前言,代表了她 30 多年后的一些想法。

作为象征人类学的代表人物之一,道格拉斯自己承认她深受结构主义理论,尤其是埃文思-普里查德的直接影响。不过,她不是像列维-斯特劳斯那样专注于讨论心智及普世结构的问题,而是更为关注对立的协调过程,并产生了许多关于异常和反结构的非常具有原创性的思想。

在本书中，道格拉斯主要讨论了洁净与肮脏的象征意义，洁净的内部及外部边界，以及与此相关的权力与政治。她不仅探讨了世俗关于肮脏的认知，还专门用一章的篇幅来讨论圣经《利未记》关于以色列人成为及保持洁净的种种规定，成为同类论文中最有分量的作品之一。

道格拉斯将肮脏界定为失序，从而将洁净与肮脏的认知提升到社会性、文化性这个层次上来探讨。她进一步指出，试图摆脱肮脏、成为洁净的种种仪式和行为其实是在有意识地重组我们的环境，是一个有创造性的行动，并使个人的经验生活得以整合。

最后我简单交待一下译事的过程。感谢龚黔兰博士的推荐，也感谢策划编辑黄显辟先生的信任，将此书的翻译交托给我。出于时间和精力上的考虑，我邀得了柳博赟和卢忱组成一个小团队，在愉快的合作中为大家呈现这个译本。另外还特别需要声明的是，"《利未记》中的可憎之物"一章的译文参考了刘澎的节译本（见《西方宗教人类学文选》），邱煜华女士在其基础上做了一些修订，最后我将其完整译出。在此谨向他们致谢。

黄 剑 波

北京田木园

2006 年 4 月

译者事后得知，张海洋教授在过去两年里，拨冗校对译稿，纠正了一些错误并努力使译文更加明晰。译者团队接受所有修改并对张师的支持关爱再度致谢。

黄 剑 波

2008 年 6 月

两年前李霞博士提议修订本书译稿，并在商务印书馆重印。对此厚爱感谢之余，不免为着几次延迟交稿抱愧。这两年来事务繁多，并且经历从北京移居上海的种种变化，实在难以全心投入。幸得云南省民族博物馆罗文宏女士伸出援手一同承担订正的工作。在核对过程中，我们发现不少原来译本中表述不准确的地方，甚至一些错误之处，甚觉惶恐，也再次向那些勤勤恳恳在译事上不吝心血的前辈和同道们致敬。

黄 剑 波

2014 年 10 月于上海樱桃河畔

图书在版编目(CIP)数据

洁净与危险:对污染和禁忌观念的分析/(英)玛丽·道格拉斯著;黄剑波,柳博赟,卢忱译. —北京:商务印书馆,2024
(汉译世界学术名著丛书:120年纪念版:珍藏本:增订本)
ISBN 978-7-100-23677-5

Ⅰ.①洁… Ⅱ.①玛…②黄…③柳…④卢… Ⅲ.①人类学—研究 Ⅳ.①Q98

中国国家版本馆CIP数据核字(2024)第076123号

汉译世界学术名著丛书
(120年纪念版·珍藏本·增订本)
洁净与危险
——对污染和禁忌观念的分析
〔英〕玛丽·道格拉斯 著
黄剑波 柳博赟 卢忱 译
张海洋 校
罗文宏 黄剑波 修订

商 务 印 书 馆 出 版
(北京王府井大街36号 邮政编码100710)
商 务 印 书 馆 发 行
北京市十月印刷有限公司印刷
ISBN 978-7-100-23677-5

2024年5月第1版 开本710×1000 1/16
2024年5月北京第1次印刷 印张20½
定价:112.00元